Aline Rossetto da Luz

INTRODUÇÃO À MECÂNICA CLÁSSICA

intersaberes

Rua Clara Vendramin, 58 . Mossunguê . CEP 81200-170 . Curitiba . PR . Brasil
Fone: (41) 2106-4170
www.intersaberes.com
editora@intersaberes.com

Conselho editorial
Dr. Ivo José Both (presidente)
Dr.ª Elena Godoy
Dr. Neri dos Santos
Dr. Ulf Gregor Baranow

Editora-chefe
Lindsay Azambuja

Gerente editorial
Ariadne Nunes Wenger

Assistente editorial
Daniela Viroli Pereira Pinto

Preparação de originais
Fabrícia E. de Souza

Edição de texto
Arte e Texto Edição e Revisão de Textos
Guilherme Conde Moura Pereira
Gustavo Piratello de Castro

Capa
Débora Gipiela (*design*)
designium/Shutterstock (imagem)

Projeto gráfico
Débora Gipiela (*design*)
Maxim Gaigul/Shutterstock (imagens)

Diagramação
Sincronia Design

Equipe de *design*
Débora Gipiela

Iconografia
Sandra Lopis da Silveira
Regina Claudia Cruz Prestes

Dados Internacionais de Catalogação na Publicação (CIP)
(Câmara Brasileira do Livro, SP, Brasil)

Luz, Aline Rossetto da
 Introdução à mecânica clássica / Aline Rossetto da Luz. Curitiba: InterSaberes, 2021. (Série Dinâmicas da Física)

 Bibliografia.
 ISBN 978-65-5517-871-5

 1. Mecânica I. Título II. Série.

20-50390   CDD-531

Índices para catálogo sistemático:
1. Mecânica: Física   531

    Cibele Maria Dias – Bibliotecária – CRB-8/9427

1ª edição, 2021.

Foi feito o depósito legal.

Informamos que é de inteira responsabilidade da autora a emissão de conceitos.

Nenhuma parte desta publicação poderá ser reproduzida por qualquer meio ou forma sem a prévia autorização da Editora InterSaberes.

A violação dos direitos autorais é crime estabelecido na Lei n. 9.610/1998 e punido pelo art. 184 do Código Penal.

Sumário

Apresentação 7
Como aproveitar ao máximo este livro 10

1 Mecânica newtoniana 16

    1.1 Conceitos fundamentais e movimento unidimensional 17
    1.2 Leis de Newton 23
    1.3 Movimentos bidimensional e tridimensional 34
    1.4 Momento de um sistema de partículas 39
    1.5 Teorema da conservação da energia 61
    1.6 Gravitação 74

2 Oscilações lineares e não lineares 85

    2.1 Movimento harmônico simples (MHS) 86
    2.2 Oscilador amortecido 99
    2.3 Oscilador harmônico forçado 110
    2.4 Ressonância 113
    2.5 Oscilador acoplado 117

3 Referenciais não inerciais 129

    3.1 Primeira lei de Newton e sistemas de referenciais inerciais 131
    3.2 Sistema em movimento relativo de translação 131

3.3 Sistemas de coordenadas em rotação 140

3.4 Força de Coriolis 149

3.5 Pêndulo de Foucault 150

4 Formulação lagrangiana 159

4.1 Vínculos e coordenadas generalizadas 160

4.2 Equações de Lagrange para movimentos com vínculo 163

4.3 Forças generalizadas 171

4.4 Simetrias e leis de conservação 172

4.5 Equivalência das formulações de Newton e de Lagrange 177

5 Formulação hamiltoniana 189

5.1 Princípio de Hamilton e equações de movimento 190

5.2 Equações canônicas e dinâmica de Hamilton 201

5.3 Teorema de Liouville 206

5.4 Teorema do virial 212

5.5 Derivação das equações de Lagrange do princípio de Hamilton 214

6 Mecânica relativística 222

6.1 Transformações de Galileu e leis de Newton 223

6.2 Transformações de Galileu e equações de Maxwell 227

6.3 Transformações de Lorentz 234
6.4 Formulação lagrangiana da mecânica relativística 239

Considerações finais 249
Referências 250
Bibliografia comentada 254
Respostas 257
Sobre a autora 259

Agradecimentos

Agradeço a todos os meus ancestrais e a toda a minha família – Rossetto e da Luz – por tudo o que sou e por me ensinarem a ser criadora da minha própria vida, superando meus limites e vencendo os desafios a mim impostos. E assim, sigo sempre estando no topo, enxergando a vida de cima.
Obrigada!

Apresentação

A mecânica é a parte da física que estuda o movimento dos corpos, as forças que neles atuam, as variações e a conservação da energia e os momentos linear e angular. Geralmente, ela é subdividida em cinemática, dinâmica e estática.

A **mecânica clássica** aborda o movimento dos corpos baseando-se nas formulações de Galileu Galilei e de Isaac Newton, as quais foram posteriormente reformuladas, quando o estudo passou a seguir as produções de Hamilton e Lagrange.

Entretanto, essas teorias não funcionam bem quando aplicadas ao estudo de corpos na escala atômica e em velocidade próximas à da luz. Nesses casos, é necessário recorrer à mecânica quântica e à relatividade restrita de Einstein. Parte da mecânica relativística é tratada no último capítulo deste livro, porém, dada a complexidade dos demais tópicos, eles podem ser vistos em livros e cursos específicos.

Portanto, esta obra trabalha os principais tópicos relacionados à mecânica clássica e traz situações em que podemos observá-la em nosso dia a dia, além de exercícios resolvidos e atividades de pesquisa para o aprofundamento no tema.

No Capítulo 1, abordaremos os principais tópicos da mecânica clássica, como as leis de Newton, o estudo dos movimentos, os princípios da conservação da energia e os momentos linear e angular. Trata-se de conceitos básicos, alguns deles reelaborados segundo as teorias lagrangiana e hamiltoniana.

No Capítulo 2, trataremos das oscilações lineares e não lineares, com foco nos estudos do pêndulo simples e do sistema massa-mola, pois eles nos permitem reconhecer os principais conceitos relacionados ao assunto. Também veremos os principais movimentos oscilatórios (harmônicos simples, amortecido, forçado e acoplado) e o fenômeno da ressonância.

Examinaremos, no Capítulo 3, os fenômenos inerciais, os quais nos permitem compreender os sistemas em movimento relativo de translação e de rotação, a força de Coriolis e o funcionamento do pêndulo de Foucault.

Continuando nosso estudo, no Capítulo 4 analisaremos a mecânica clássica por meio das equações de Lagrange – uma forma equivalente das leis de Newton para o estudo dos movimentos. Veremos que uma das vantagens de adotarmos essa nova abordagem, por exemplo, é que podemos solucionar problemas sobre o movimento dos corpos sem a necessidade de recorrermos ao diagrama de forças/vetores, ou seja, ao diagrama do corpo livre.

No Capítulo 5, debateremos a mecânica hamiltoniana, equivalente às mecânicas newtoniana e lagrangiana, mas que apresenta a vantagem de ser ainda mais versátil, possibilitando a obtenção da energia total do sistema.

Por fim, no Capítulo 6, observaremos tópicos sobre a mecânica relativística, a fim de identificar os principais sistemas físicos relativísticos, como as transformações de Galileu, as equações de Maxwell e suas invariâncias e a formulação lagrangiana da mecânica relativística.

Desejamos a todos uma boa leitura!

Como aproveitar ao máximo este livro

Empregamos nesta obra recursos que visam enriquecer seu aprendizado, facilitar a compreensão dos conteúdos e tornar a leitura mais dinâmica. Conheça a seguir cada uma dessas ferramentas e saiba como elas estão distribuídas no decorrer deste livro para bem aproveitá-las.

Introdução do capítulo
Logo na abertura do capítulo, informamos os temas de estudo e os objetivos de aprendizagem que serão nele abrangidos, fazendo considerações preliminares sobre as temáticas em foco.

Exemplificando

Disponibilizamos, nesta seção, exemplos para ilustrar conceitos e operações descritos ao longo do capítulo a fim de demonstrar como as noções de análise podem ser aplicadas.

Exercícios resolvidos

Nesta seção, você acompanhará passo a passo a resolução de alguns problemas complexos que envolvem os assuntos trabalhados no capítulo.

Importante!

Se a força aplicada ao objeto tiver uma componente no mesmo sentido do deslocamento, o trabalho será positivo, ou seja, haverá um **trabalho motor**.

Se a força aplicada ao objeto tiver uma componente no sentido oposto ao deslocamento, o trabalho será negativo, ou seja, haverá um **trabalho resistente**.

Se a força atuar perpendicularmente ao sentido do deslocamento, o trabalho realizado será **nulo**.

Figura 1.9 – Tipos de trabalho

Um objeto terá **energia cinética K** se estiver em movimento. A energia cinética depende da massa *m* e da velocidade *v* do objeto. Matematicamente, K é expressa

64

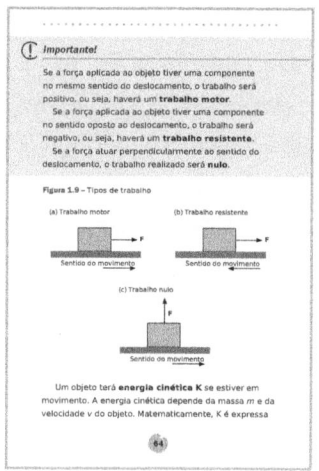

Importante!

Algumas das informações centrais para a compreensão da obra aparecem nesta seção. Aproveite para refletir sobre os conteúdos apresentados.

que diminuem as vibrações transmitidas para o corpo do atleta após o choque da bola.

Curiosidade

Qualquer golpe no tênis tende a gerar uma vibração, vibração essa que, eventualmente, pode até chegar ao cotovelo/ombro do jogador, e pode ser minimizada com o encordoamento, antivibrador, tecnologias das raquetes e musculatura do braço, além do próprio movimento do tenista. Esses "filtros" normalmente reduzem a porcentagem de vibração a um nível que o nosso físico pode tolerar. E a vibração sempre desce, por isso, quanto mais baixo o antivibrador é colocado, melhor [...]. (Tivolli, 2010)

Nos automóveis, em cada uma das rodas estão presentes os amortecedores, que garantem a estabilidade do veículo e o conforto das pessoas. Assim, o ideal, nesse caso, é que haja um sistema criticamente amortecido ou subamortecido para assegurar uma menor transmissão das oscilações aos passageiros. Além disso, os amortecedores automotivos contribuem para manter o contato dos pneus com o solo, pois controlam os movimentos de abertura e de fechamento das molas.

107

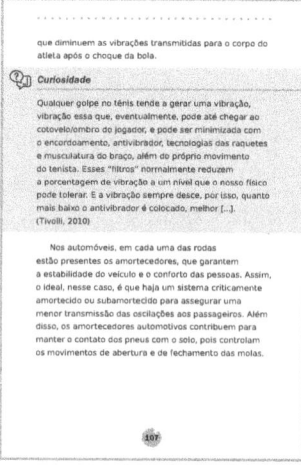

Curiosidade

Nestes boxes, apresentamos informações complementares e interessantes relacionadas aos assuntos expostos no capítulo.

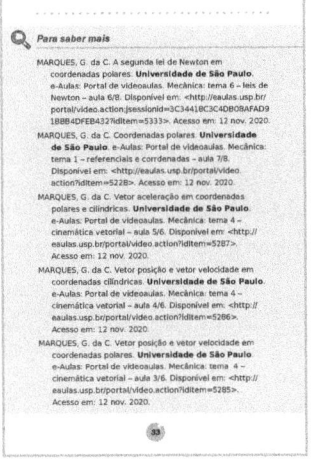

Para saber mais
Sugerimos a leitura de diferentes conteúdos digitais e impressos para que você aprofunde sua aprendizagem e siga buscando conhecimento.

Síntese
Ao final de cada capítulo, relacionamos as principais informações nele abordadas a fim de que você avalie as conclusões a que chegou, confirmando-as ou redefinindo-as.

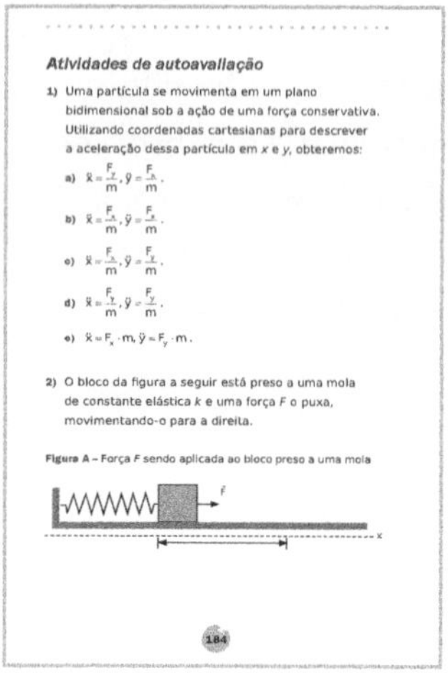

Atividades de autoavaliação

Apresentamos estas questões objetivas para que você verifique o grau de assimilação dos conceitos examinados, motivando-se a progredir em seus estudos.

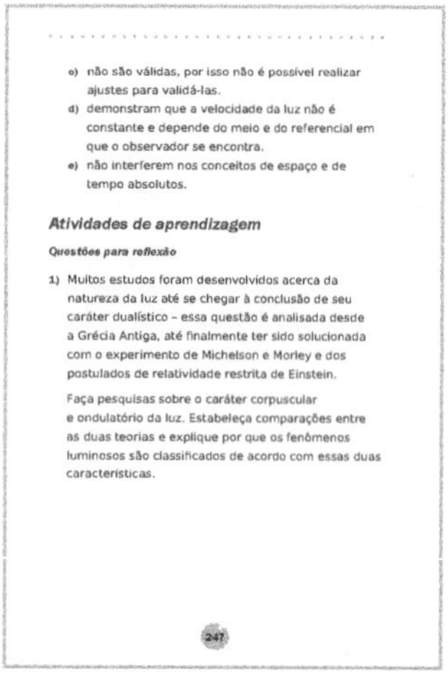

Atividades de aprendizagem

Aqui apresentamos questões que aproximam conhecimentos teóricos e práticos a fim de que você analise criticamente determinado assunto.

Bibliografia comentada

Nesta seção, comentamos algumas obras de referência para o estudo dos temas examinados ao longo do livro.

Bibliografia comentada

GOLDSTEIN, H.; POOLE JR., C.; SAKO, J. L. **Classical Mechanics**. 3. ed. Boston: Addison-Wesley, 2002.

Trata-se de uma obra tradicional no estudo da mecânica clássica. Por essa razão, é uma bibliografia extensa, composta por 12 capítulos que revisam conceitos fundamentais e trabalham com detalhes os princípios variacionais, as equações de Lagrange, as equações do movimento, a cinemática dos corpos rígidos, as oscilações, as equações do movimento conforme o formalismo de Hamilton, as transformações canônicas, o teorema de Hamilton-Jacobi e a teoria canônica da perturbação. O livro ainda traz uma introdução sobre as formulações de Lagrange e de Hamilton para sistemas contínuos e de campo. Um tópico que diferencia a obra dos demais materiais sobre o assunto é a abordagem da teoria da relatividade no contexto da mecânica clássica.

OLIVEIRA, J. U. C. L. de **Introdução aos princípios de mecânica clássica**. 5. ed. Rio de Janeiro: LTC, 2013.

Esse livro é composto por 10 módulos que abordam temas relacionados à mecânica do movimento unidimensional. Diferentemente do que vimos em nossa obra, o livro de Oliveira aborda cálculo

Mecânica newtoniana

1

Neste capítulo, apresentaremos a mecânica newtoniana, válida em aplicações para objetos e/ou sistemas dinâmicos visíveis de nosso dia a dia, como a ação de empurrar uma mesa. Com base nas leis de Newton, é possível definir conceitos como *massa*, *força*, *aceleração*, *inércia*, *movimentos dos objetos* (em uma, duas ou três dimensões), *conservação da energia* e *quantidade de movimento*. Logo, nosso objetivo é facilitar a compreensão dos princípios fundamentais e das leis da mecânica newtoniana.

Após o estudo deste capítulo, você será capaz de compreender e aplicar em diferentes situações os principais pontos da mecânica newtoniana, da dinâmica de movimento dos objetos, das leis da conservação da energia, do momento linear e do momento angular.

1.1 Conceitos fundamentais e movimento unidimensional

Os conceitos fundamentais de *espaço* e de *tempo* permitem restringir a análise dos objetos de interesse, que se torna bem definida quando determinamos o sistema de referencial utilizado. Assim, poderemos descrever corretamente o movimento examinado.

O caso mais simples do estudo do movimento dos corpos considera uma única dimensão – por exemplo, somente a direção horizontal ou a direção vertical. Estabelecidas e compreendidas as condições do movimento em uma dimensão, podemos associá-las às outras dimensões, com base nas equações e nos conceitos de movimentos independentes.

1.1.1 Espaço e tempo

Podemos entender o conceito de **espaço** como a posição que os objetos ocupam no espaço tridimensional.
A **posição** de um objeto deve ser relacionada com um referencial e pode ser expressa pela notação vetorial, que tem módulo e orientação (direção e sentido).
Os vetores podem ser expressos no plano cartesiano com suas coordenadas (x, y, z), as quais são perpendiculares entre si.

Importante!

Neste livro, todas as grandezas **grifadas** são vetoriais. Na Figura 1.1, o ponto P está posicionado em um plano cartesiano (x, y, z). Seu vetor (posição *r*) para a identificação do ponto P em relação às componentes (x, y, k) e à origem do plano cartesiano pode ser expresso pela Equação 1.1, na qual *i*, *j* e *k* são versores.

Figura 1.1 – Vetor posição *r*

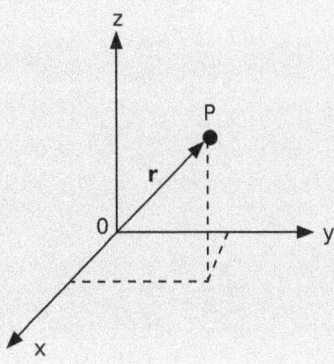

Equação 1.1

$$r = x\mathbf{i} + y\mathbf{j} + k\mathbf{z}$$

As operações vetoriais de soma, subtração, divisão, produto escalar e produto vetorial se aplicam a um sistema de diferentes posições de variados objetos, assim como a derivação vetorial, que nos mostra que a derivada temporal depende do tempo. A derivada temporal do vetor *posição* **r** nos fornece o vetor *velocidade* do objeto (Equação 1.2) e a derivada temporal da velocidade nos dá a aceleração do objeto (Equação 1.3)

Equação 1.2

$$\mathbf{v} = \frac{d\mathbf{r}}{dt}$$

Equação 1.3

$$\mathbf{a} = \frac{d\mathbf{v}}{dt}$$

De acordo com a visão clássica, o **tempo** está associado à duração de algo no qual todos os observadores estão em acordo, e ele pode fornecer os mesmos valores, medidos, por exemplo, em segundos, minutos, horas, dias ou meses. No entanto, quando tratamos da relatividade (que veremos no Capítulo 6), se dois observadores estiverem em movimento relativo, não poderão medir os mesmos intervalos de tempo para um mesmo evento.

 Para saber mais

GRANDEZAS escalares e vetoriais. Universidade de São Paulo. **e-Física**. Disponível em: <https://efisica.atp.usp.br/course/view.php?id=2553>. Acesso em: 22 out. 2020.

O vídeo da Universidade de São Paulo (USP) apresenta algumas características das grandezas vetoriais.

1.1.2 Sistema de referência

Na análise de situações que envolvem a mecânica clássica, é necessário que adotemos um sistema de referência, como uma origem relacionada a um arranjo espacial e eixos para indicar a posição da partícula, como vimos na Figura 1.1.

Se dois sistemas estão em movimento, haverá uma velocidade relativa entre eles – essas situações serão tratadas nos Capítulos 3 e 6. Em determinados casos, como os sistemas inerciais, as leis de Newton são válidas, ou seja, o objeto está em repouso ou em movimento com velocidade constante – em movimento retilíneo uniforme (MRU).

 Exemplificando

Um sujeito está em um ônibus que se movimenta com velocidade constante (em MRU) e coloca sobre o banco ao lado um livro, que permanece em repouso, pois nenhuma força externa atua sobre ele, nada o puxa ou o empurra. Nesse caso, o livro conserva-se em repouso em relação ao ônibus, logo, temos um **sistema inercial**. Entretanto, se o ônibus frear, acelerar ou fizer uma curva, a primeira lei de Newton não será válida, uma vez que sistema vai alterar seu estado de movimento, ou seja, do MRU inicial, passará a variar sua aceleração. Assim, um ônibus em movimento acelerado – movimento retilíneo uniformemente variado (MRUV) – não é um referencial inercial, mas um **referencial não inercial**.

Ainda com o exemplo do ônibus, vamos analisar o caso de uma alça presa ao corrimão para ser segurada por um passageiro, que pode optar por ficar em pé. Nessa situação, podemos observar a alça suspensa, sem ser utilizada. Se o ônibus estiver se movimentando em linha reta e com velocidade constante (MRU), perceberemos que a alça permanecerá em repouso e ficará na posição vertical em relação ao ônibus – que, nesse caso, é um **referencial inercial**.

1.1.3 Massa

A **massa** é uma propriedade intrínseca da matéria que indica a quantidade de material existente. Sua unidade no Sistema Internacional (SI) de unidades é o **quilograma** (kg).

A massa de um objeto permite a análise de sua inércia, ou seja, a facilidade ou a dificuldade de acelerá-lo. Uma bola futebol, por exemplo, tem uma massa pequena – em torno de 450 g –, portanto, é fácil acelerá-la e colocá-la em movimento. Ocorre o contrário para uma geladeira, que tem aproximadamente 65 kg: nesse caso, não temos a mesma facilidade em colocá-la em movimento em comparação com a bola de futebol, em razão da diferença de massas dos dois objetos.

1.2 Leis de Newton

A **primeira lei de Newton** (**o princípio da inércia**) pode ser enunciada como:
Se nenhuma força resultante ($F_r = 0$) atua sobre um corpo, sua velocidade não pode variar, ou seja, o corpo não será acelerado.

Matematicamente, podemos observar que a força resultante que atua em um sistema é nula (Equação 1.4), por isso o princípio da inércia é válido somente para referenciais inerciais.

Equação 1.4

$$F_r = 0$$

Com base nesse princípio, definimos **força** como um agente externo que pode atuar sobre um corpo e acelerá-lo em relação a um referencial inercial, alterando seu estado de movimento – supondo que essa força seja a única que atua no objeto.

Para os casos em que mais de uma força age sobre o objeto, a mudança de estado de movimento somente ocorre se a força resultante não for nula. Para obtermos a força resultante, seguimos as regras das operações vetoriais.

As forças existentes na natureza resultam sempre da interação entre os objetos e podem ser classificadas como:

- **Forças de contato**: Força normal, força de atrito, força de tração e força elástica.
- **Forças de interação a distância** (ou **forças de campo**): Força peso, força elétrica e força magnética.

A **força normal (N)** é a que atua entre duas superfícies em contato, como a de um copo sobre uma mesa, e é sempre perpendicular à superfície na qual o objeto foi colocado. No caso do copo sobre a mesa, há a **força peso** do copo agindo verticalmente para baixo por causa da atração da Terra – em razão da força gravitacional – e a força normal orientada verticalmente para cima por causa da interação da mesa com o copo. Cabe ressaltar que a força peso e a força normal não formam um par de forças de ação e reação (terceira lei de Newton), pois são de naturezas diferentes: a primeira é uma força de interação e a segunda é uma força de contato.

A **força de atrito** está relacionada com as interações entre os átomos de um objeto e de uma superfície. Se uma força é aplicada a um objeto com a intenção de movê-lo, a superfície exercerá uma força de atrito no objeto. A força de atrito sempre tem um caráter resistivo, é paralela à superfície e se opõe à tendência do movimento dos corpos. Há o atrito estático e o atrito cinético: o primeiro ocorre quando existe força atuando em um corpo, mas ele não se move; o segundo, quando existe força atuando em um corpo e ele se move.

A **força de atrito estático** é representada por $f_{estático}$. Um objeto permanece em repouso quando a força de atrito estático e a componente da força paralela à superfície tiverem módulos iguais e sentidos opostos. Se a força aplicada aumentar até a iminência do movimento do objeto, a força de atrito estático também se elevará até chegar a seu valor máximo, com seu módulo dado pela Equação 1.5.

Equação 1.5

$$f_{estático,\, máx} = \mu_{estático} \cdot N$$

Em que:

- $\mu_{estático}$ representa o coeficiente de atrito estático;
- N é o módulo da força normal.

Se o valor da força paralela à superfície ultrapassar o valor da força de atrito estático máxima, o objeto passará a se mover e estará sujeito à ação da força de atrito cinético. Assim que o objeto iniciar seu movimento, a força de atrito será reduzida para um valor constante de força de atrito cinético ($f_{cinético}$), com seu módulo máximo dado pela Equação 1.6.

Equação 1.6

$$f_{cinético,\, máx} = \mu_{cinético} \cdot N$$

Em que:

- $\mu_{cinético}$ representa o coeficiente de atrito cinético;
- N é o módulo da força normal.

A **força de tração** ou de **tensão** é exercida sobre um corpo quando estiverem presentes cordas, cabos ou fios. Essa força é útil nas ocasiões em que é necessário transferir uma força de um corpo para outro que esteja a uma certa distância. Um exemplo é o guindaste, equipamento que eleva e movimenta materiais pesados por meio de um sistema em que há um cabo, ou seja, está presente a ação de uma força de tração.

A **força elástica** está presente em um corpo ou em um sistema sob a ação de molas e/ou elásticos. A lei de Hooke estabelece que a deformação da mola ou do elástico aumenta proporcionalmente com o aumento da força aplicada. Matematicamente, essa lei é expressa pela Equação 1.7:

Equação 1.7

$$F = -kx$$

Em que:

- *F* é a intensidade da força aplicada, medida em newtons (N);
- *k* é a constante elástica da mola, medida em newtons por metro (N/m);
- *x* é a deformação da mola, medida em metros (m).

A constante elástica da mola depende de seu material e de suas dimensões. O sinal negativo na equação indica que a força elástica é uma força restauradora.

O princípio da inércia não indica o que ocorre quando a força resultante não for nula. A **segunda lei de Newton (princípio fundamental da dinâmica)** soluciona essa lacuna. Podemos enunciá-la da seguinte forma:

A aceleração adquirida por um corpo é diretamente proporcional à força resultante que atua sobre ele, e o inverso de sua massa é a constante de proporcionalidade.

Matematicamente, a segunda lei de Newton é expressa pela Equação 1.8:

Equação 1.8

$$a = \frac{F}{m}$$

Nessa equação, a unidade de medida para a aceleração é metros por segundo ao quadrado (m/s^2); assim, a unidade de força é quilograma vezes metro por segundo ao quadrado ($kg \cdot m/s^2$), que corresponde ao newton (N). Logo, se um objeto de 1 kg for acelerado a uma taxa de 1 m/s^2, a força que está sendo exercida sobre ele será de 1 N.

A Equação 1.8 pode ser expressa considerando-se a derivada temporal da velocidade em relação ao tempo, ou como a derivada segunda da posição em relação ao tempo (Equação 1.9).

Equação 1.9

$$a = \frac{dv}{dt} = \dot{v} \qquad a = \frac{d^2r}{dt^2} = \ddot{r}$$

Se levarmos em conta as equações anteriores, a segunda lei de Newton pode ser escrita como a Equação 1.10:

Equação 1.10

$$F = m\ddot{r}$$

Por fim, a **terceira lei de Newton (princípio da ação e reação)** pode ser enunciada como:

Quando dois corpos interagem entre si, para toda força de ação existirá uma força de reação de mesma direção, porém com sentido contrário.

De forma genérica, podemos descrever essa terceira lei de Newton com a Equação 1.11:

Equação 1.11

$$F_{ação} = -F_{reação}$$

1.2.1 A segunda lei de Newton em coordenadas cartesianas

A Equação 1.8 é uma diferencial vetorial. Quando necessário, podemos decompô-la em elementos relativos a um sistema de coordenadas. O mais utilizado é o sistema cartesiano, no qual a força resultante F pode ser expressa em termos dos vetores unitários *i*, *j* e *k*. Dessa forma, podemos escrevê-la de acordo com a Equação 1.12:

Equação 1.12

$$\mathbf{F} = F_x\mathbf{i} + F_y\mathbf{j} + F_z\mathbf{k}$$

Considerando a Equação 1.10 em coordenadas cartesianas e o vetor *posição* como indicado na Equação 1.12, a segunda lei de Newton pode ser escrita para cada componente cartesiano conforme a Equação 1.13:

Equação 1.13

$$F_x = m\ddot{x}$$

$$F_y = m\ddot{y}$$

$$F_z = m\ddot{z}$$

Essas três igualdades equivalem à Equação 1.14:

Equação 1.14

$$F_{res} = \dot{p} = mv = ma$$

Exercícios resolvidos

1. Um bloco de peso 10 N se desloca com aceleração de 1 m/s². Sobre o bloco atuam as seguintes forças: na componente vertical, as forças normal e peso; na componente horizontal, a força de atrito cinético, que se opõe à força aplicada de 5 N. Com base nesses dados, determine o valor da força de atrito cinético.

Figura A – Bloco em movimento

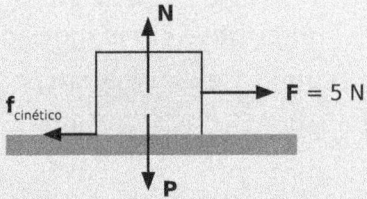

Resolução

O bloco está sobre uma superfície horizontal com a qual está em atrito. O bloco se movimenta por causa da ação das forças que atuam na direção horizontal, como retratado na imagem do corpo livre. As forças que atuam na componente vertical (normal e peso) não contribuem para o deslocamento horizontal do bloco.

Conforme a segunda lei de Newton, na direção horizontal atuam a força aplicada de 5 N e a força de atrito, as quais estão em sentidos contrários. Logo, considerando a Equação 1.8, temos:

$$F - f_{atr} = m \cdot a$$

Nessa fórmula, F é a força aplicada e vale 5 N. Já a força de atrito f_{atr} é o que devemos calcular.

A aceleração informada é de 1 m/s². A massa do bloco pode ser obtida pela força peso de 10 N (dada no enunciado): se $P = m \cdot g$ e a gravidade vale 9,8 m/s², a massa do bloco é de 1,02 kg.

Substituindo os valores informados na equação anterior, temos:

$$5 - f_{atr} = 1{,}02 \cdot 1$$

Reordenando os termos, chegamos a:

$$f_{atr} = 3{,}98 \text{ N}$$

2. Um bloco de peso 20 N, como exposto na primeira imagem (a), está em repouso sobre um plano inclinado. Determine o coeficiente de atrito estático entre o bloco e o plano inclinado, que apresenta inclinação de 30°.

Figura B – Bloco deslizando no plano inclinado

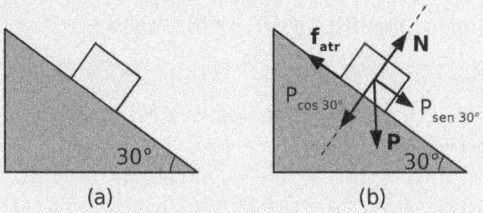

(a)   (b)

Resolução

A análise das forças que atuam no bloco nos leva à configuração indicada na segunda imagem (b), ou seja, devemos decompor a força peso nas componentes horizontal ($P_{sen\,30°}$) e vertical ($P_{cos\,30°}$). Logo, a força normal está em equilíbrio estático com a componente vertical da força peso, e a força de atrito estático está em equilíbrio com a componente horizontal da força peso.

Considerando as forças em equilíbrio que atuam no bloco e que a força de atrito é dada por $f_{atr} = \mu N$, temos:

$$f_{atr} = \mu N$$

$$P_{sen\,30°} = \mu P_{cos\,30°}$$

$$\mu = \frac{P_{sen\,30°}}{P_{cos\,30°}}$$

$$\mu = \tan 30°$$

$$\mu = 0{,}57$$

Curiosidade

A segunda lei de Newton também pode ser expressa em coordenadas polares e em coordenadas cilíndricas. Assim, as equações relacionadas a ela podem ser escritas utilizando-se recursos e relações matemáticas diferentes daqueles que apresentamos anteriormente. Você pode realizar pesquisas e reescrever a segunda lei de Newton nesses outros sistemas de coordenadas, polares e cilíndricas.

Para saber mais

MARQUES, G. da C. A segunda lei de Newton em coordenadas polares. **Universidade de São Paulo**. e-Aulas: Portal de videoaulas. Mecânica: tema 6 – leis de Newton – aula 6/8. Disponível em: <http://eaulas.usp.br/portal/video.action;jsessionid=3C34418C3C4DB08AFAD91BBB4DFEB432?idItem=5333>. Acesso em: 12 nov. 2020.

MARQUES, G. da C. Coordenadas polares. **Universidade de São Paulo**. e-Aulas: Portal de videoaulas. Mecânica: tema 1 – referenciais e corrdenadas – aula 7/8. Disponível em: <http://eaulas.usp.br/portal/video.action?idItem=5228>. Acesso em: 12 nov. 2020.

MARQUES, G. da C. Vetor aceleração em coordenadas polares e cilíndricas. **Universidade de São Paulo**. e-Aulas: Portal de videoaulas. Mecânica: tema 4 – cinemática vetorial – aula 5/6. Disponível em: <http://eaulas.usp.br/portal/video.action?idItem=5287>. Acesso em: 12 nov. 2020.

MARQUES, G. da C. Vetor posição e vetor velocidade em coordenadas cilíndricas. **Universidade de São Paulo**. e-Aulas: Portal de videoaulas. Mecânica: tema 4 – cinemática vetorial – aula 4/6. Disponível em: <http://eaulas.usp.br/portal/video.action?idItem=5286>. Acesso em: 12 nov. 2020.

MARQUES, G. da C. Vetor posição e vetor velocidade em coordenadas polares. **Universidade de São Paulo**. e-Aulas: Portal de videoaulas. Mecânica: tema 4 – cinemática vetorial – aula 3/6. Disponível em: <http://eaulas.usp.br/portal/video.action?idItem=5285>. Acesso em: 12 nov. 2020.

MARQUES, G. da C. Vetores em coordenadas polares. **Universidade de São Paulo**. e-Aulas: Portal de videoaulas. Mecânica: tema 3 – vetores – aula 6/6. Disponível em: <http://eaulas.usp.br/portal/video.action?idItem=5272>. Acesso em: 12 nov. 2020.

Nesses vídeos, são apresentadas informações sobre os sistemas de coordenadas abordados anteriormente, explicando como são descritos os vetores *posição*, *velocidade* e *aceleração* em coordenadas polares e cilíndricas.

1.3 Movimentos bidimensional e tridimensional

Os movimentos em duas ou em três dimensões são observados, por exemplo, quando um jogador de basquete cobra um lance livre, lançando a bola em direção à cesta, ou na ocasião do pouso de um avião na pista de um aeroporto. Esses casos são distintos do movimento de um carro em uma rua, que se trata de um movimento em uma dimensão.

A análise de qualquer movimento requer o conhecimento de sua posição, bem como de sua velocidade e de sua aceleração. Na primeira imagem (a) da Figura 1.2, uma laranja desliza sobre uma mesa e, posteriormente, cai no chão, descrevendo a trajetória indicada pela linha pontilhada, o que corresponde a um **lançamento horizontal**. Na componente horizontal (x), não há força atuando sobre a laranja, logo, sua aceleração é nula e sua velocidade é constante. Dessa forma, a laranja executa um MRU. Na componente vertical (y), a laranja está sob a ação da força gravitacional, portanto, é acelerada pela gravidade e executa um movimento de queda livre, ou seja, um MRUV.

A segunda imagem (b) da Figura 1.2 representa a trajetória de uma bola que foi chutada por um jogador de futebol com determinado ângulo em relação ao plano horizontal (x), descrevendo uma trajetória parabólica, ou seja, um **lançamento oblíquo**. Como no caso da laranja, há uma composição de movimentos: MRU na direção horizontal (x) e MRUV na direção vertical (y). Entretanto, a velocidade inicial não é nula. Além disso, no ponto mais alto da trajetória, a velocidade da bola ocorre exclusivamente em razão da componente horizontal (velocidade na direção x); já a componente vertical (velocidade instantânea em y) é nula, por isso inverte-se o sentido do movimento e a bola passa a retornar ao solo.

Para determinarmos as velocidades iniciais do movimento oblíquo, utilizamos as relações trigonométricas e a decomposiç-ão do vetor *velocidade* – terceira imagem (c) da Figura 1.2. Assim, temos:

Equação 1.15

$$v_x = v_0 \cdot \cos\theta$$

$$v_x = v_0 \cdot \mathrm{sen}\theta$$

Em que:

- v_x é a componente da velocidade na direção x;
- v_0 é a velocidade resultante de lançamento;
- v_y é a componente da velocidade na direção y;
- v_x, v_y e v_0 são medidos em m/s;
- θ é o ângulo entre a direção x e os componentes da velocidade em x e y, medido em graus.

Figura 1.2 – Lançamento de projéteis

(a) Objeto em queda de uma mesa

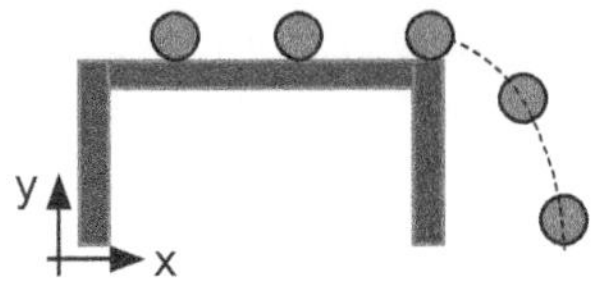

(b) Objeto sendo chutado com um ângulo θ e a direção x

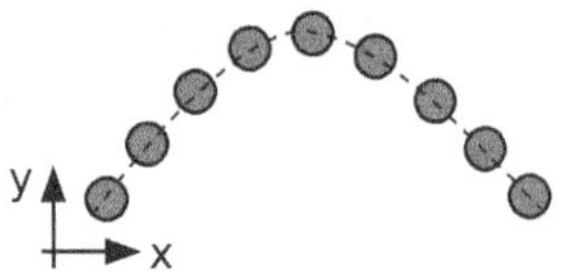

(c) Decomposição do vetor *velocidade*

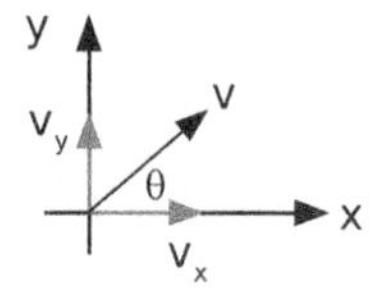

Os lançamentos horizontal e oblíquo também são denominados **movimentos de projéteis**. As equações do MRU e do MRUV também são válidas para eles, pois, conforme o princípio da independência dos movimentos proposto por Galileu Galilei, quando um corpo realiza um movimento composto, cada uma das componentes se comporta de forma independente, como se as outras componentes não existissem.

Considerando-se que a aceleração da gravidade é orientada verticalmente para baixo, no lançamento horizontal a aceleração será positiva e no lançamento oblíquo, negativa. Assim, de acordo com o princípio da independência dos movimentos, as equações que permitem o estudo do movimento de projéteis estão descritos na Tabela 1.1.

Tabela 1.1 – Equações para o estudo do movimento de projéteis

Movimento horizontal (MRU)	Movimento vertical (MRUV)
	$r_y = r_{0y} + v_{0y} \cdot t \pm \frac{1}{2} g \cdot t^2$
$r_x = r_{0x} + v_{0x} \cdot t$	$v_y = v_{0y} \pm g \cdot t$
	$v_y^2 = v_{0y}^2 \pm 2 \cdot g \cdot \Delta r_y$

A manipulação das equações da Tabela 1.1 possibilita determinar o alcance máximo de um projétil e seu tempo de subida, conforme mostra a Equação 1.16:

Equação 1.16

$$A = \left[2v_0^2 \operatorname{sen}(2\theta) \right] g$$

$$t_{subida} = \frac{v_0 \cdot \operatorname{sen}\theta}{g}$$

1.3.1 Movimento circular

Quando um objeto ou um ponto material estiver em movimento e percorrer uma trajetória circular, ele realizará um movimento circular. Se a velocidade escalar do movimento for constante, dizemos que o movimento é *uniforme*, e o objeto estará sujeito a uma aceleração dada pela Equação 1.17:

Equação 1.17

$$a = \frac{v^2}{R}$$

Em que:

- *a* é a aceleração do objeto;
- *R* é o raio da trajetória circular descrita pelo objeto.

A força centrípeta é aquela que mantém a trajetória circular, a qual muda de direção o vetor *velocidade* e é sempre aplicada na direção do centro da circunferência em que o movimento ocorre. Considerando-se a segunda lei de Newton e a equação a seguir, o módulo da força centrípeta é dado pela Equação 1.18:

Equação 1.18

$$F = m\frac{v^2}{R}$$

1.4 Momento de um sistema de partículas

Agora, buscaremos compreender o momento linear e o momento angular de um sistema de partículas, os quais possibilitam ampliar o estudo dos movimentos sem a necessidade de recorrer às equações do MRU e do MRUV. Além disso, veremos que podemos relacionar as equações dos momentos linear e angular com o princípio da conservação da energia, além de também analisar colisões com base na conservação do momento linear.

1.4.1 Centro de massa

Para um sistema de partículas, o **centro de massa (CM)** é definido como o ponto que se move como se toda a massa do sistema estivesse nele concentrada e no qual toda a força externa atua.

Para objetos homogêneos, a exemplo das figuras geométricas simples, como um quadrado ou um círculo, o centro de massa coincide com o centro geométrico – como representado na Figura 1.3. Nesse caso, para localizar o centro geométrico e o centro de massa, basta identificar os eixos de simetria, que é uma linha que separa um objeto em duas partes iguais ou simétricas.

Na Figura 1.3, esses eixos são representados pelas linhas pontilhadas, que dividem, cada uma, o quadrado em duas partes $\left(\dfrac{a}{2}\right)$. Quando o objeto tem dois eixos de simetria (linhas pontilhadas 1 e 2), a intersecção entre eles indica a posição do centro de massa, como demonstrado pelo ponto central na figura.

Figura 1.3 – Centro de massa de um quadrado de lado *a*

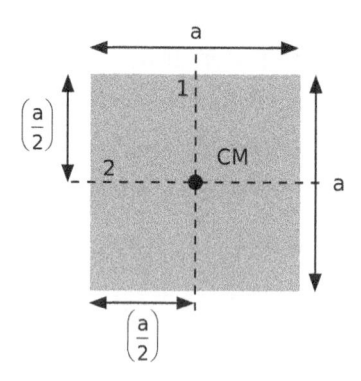

No centro de massa de figuras geométricas compostas ou de sistemas de partículas, devemos observar a origem do sistema de coordenadas e as dimensões em que as partículas estão distribuídas. Matematicamente, expressamos o centro de massa pela Equação 1.19, que evidencia a componente *x*. A mesma equação é válida para as dimensões *y* e *z*.

Equação 1.19

$$x_{CM} = \frac{m_1 x_1 + m_2 x_2 + m_3 x_3 + \ldots + m_n x_n}{m_1 + m_2 + m_3 + \ldots + m_n}$$

$$y_{CM} = \frac{m_1 y_1 + m_2 y_2 + m_3 y_3 + \ldots + m_n y_n}{m_1 + m_2 + m_3 + \ldots + m_n}$$

$$z_{CM} = \frac{m_1 z_1 + m_2 z_2 + m_3 z_3 + \ldots + m_n z_n}{m_1 + m_2 + m_3 + \ldots + m_n}$$

O centro de massa de uma pessoa depende da postura ou da posição em que ela se encontra. Vejamos diferentes situações representadas na Figura 1.4.

Na situação (a), quando a pessoa está em pé e ereta, com os braços pendentes, seu centro de massa está localizado próximo à região de seu umbigo (círculo); já na situação (b), por causa da elevação dos antebraços, ocorre o deslocamento do centro de massa.

Figura 1.4 – Centro de massa no corpo humano em diferentes situações

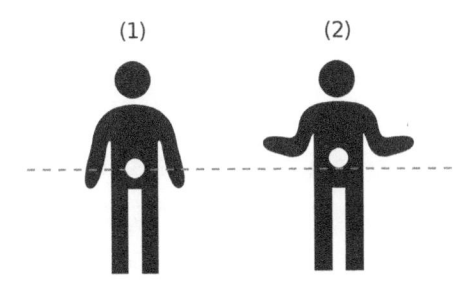

Outro exemplo de deslocamento do centro de massa no corpo ocorre quando a pessoa realiza atividades físicas ou levanta objetos. Nesse caso, é recomendado que ela flexione os joelhos para que ocorra uma redistribuição de sua massa, em razão da mudança do centro de massa do corpo, para não ocasionar possíveis danos à coluna.

Exercícios resolvidos

1. A figura a seguir representa um sistema composto por duas placas homogêneas de mesma densidade.
A massa da chapa 1 equivale a 4 kg, e a da chapa, a 2 kg. Determine o centro de massa desse sistema.

Figura C – Centro de massa de um sistema composto por duas placas homogêneas de densidades iguais

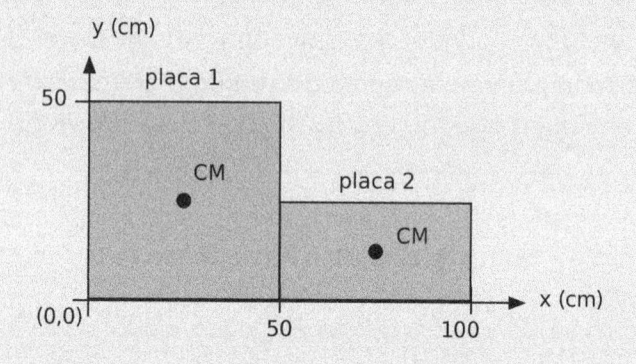

Resolução

Inicialmente, determinamos os centros de massa das placas, os quais são coincidentes com seus centros geométricos de cada uma delas. A tabela a seguir mostra as coordenadas dos centros de massa das placas, em relação ao ponto (0,0) do plano cartesiano.

Placa	x (cm)	y (cm)
1	25	25
2	75	12,5

O centro de massa do sistema deve estar localizado entre os centros de massa das placas 1 e 2. Com base nos dados fornecidos e aplicando a Equação 1.19, temos:

$$x_{CM} = \frac{4 \cdot 25 + 2 \cdot 75}{4+2}$$

$$x_{CM} = 41,66 \text{ cm}$$

$$y_{CM} = \frac{4 \cdot 25 + 2 \cdot 12,5}{4+2}$$

$$y_{CM} = 20,83 \text{ cm}$$

Portanto, o centro de massa do sistema das placas homogêneas está localizado no ponto composto pelas coordenadas 41,66 cm (em *x*) e 20,83 cm (em *y*). Na imagem, podemos notar que o ponto se localiza entre os centros de massas das placas 1 e 2.

Figura D – Centro de massa de um sistema composto por duas placas homogêneas de densidades iguais

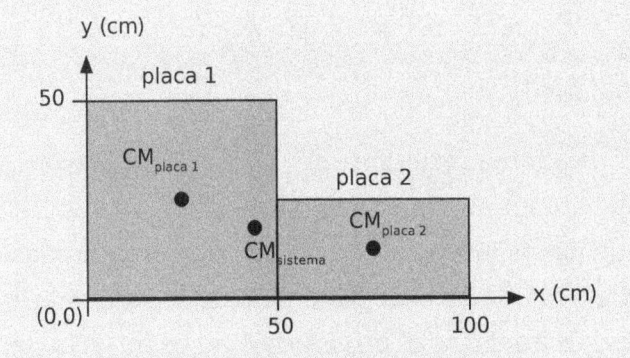

Movimento do CM de um sistema de partículas

Se um sistema composto por *n* partículas se desloca, o estudo do movimento que ele realiza deve ser feito em relação a seu centro de massa. No "Exercício resolvido 3", vimos que cada placa tem um centro de massa – se o sistema composto por ambas as placas se movimentar, deveremos fazer a análise em relação ao centro de massa do sistema, que corresponde às coordenadas (x, y) que calculamos. Podemos confirmar esse entendimento, visto que o centro de massa é o ponto em que se concentra toda a massa do sistema, e podemos atribuir a ele uma posição, uma velocidade e uma aceleração.

A segunda lei de Newton para o centro de massa de um sistema de *n* partículas pode ser escrita como a Equação 1.20.

Equação 1.20

$$\mathbf{F}_{res} = M \cdot \mathbf{a}_{CM}$$

Em que:

- $\mathbf{F}_{res}$ é a força resultante de todas as forças externas que atuam no sistema de partículas – vale ressaltar que forças internas não devem ser consideradas;
- *M* é a massa total do sistema e deve permanecer constante, ou seja, o sistema é fechado – não ganha nem perde massa;
- $\mathbf{a}_{CM}$ é a aceleração do centro de massa do sistema.

Se aplicarmos a Equação 1.20 ao sistema de *n* partículas, não teremos nenhuma informação da aceleração de outros pontos do sistema. Cabe relembrar que também se trata de uma equação vetorial e que F_{res} e a_{CM} podem ser decompostos nos três eixos de coordenadas, matematicamente dados por:

Equação 1.21

$$F_{res, x} = M \cdot a_{CM, x}$$

$$F_{res, y} = M \cdot a_{CM, y}$$

$$F_{res, z} = M \cdot a_{CM, z}$$

1.4.2 Momento linear

Imaginemos um tenista que imprime, com a raquete, uma força na bola de tênis de massa *m*, que faz com que ela se desloque com determinada velocidade. O estudo do movimento da bola pode ser realizado pela análise da força aplicada e do momento linear (**p**), conforme descrito na Figura 1.5.

Figura 1.5 – Força F aplicada na bola pelo tenista, com vetores *momento linear* e *velocidade do movimento da bola*

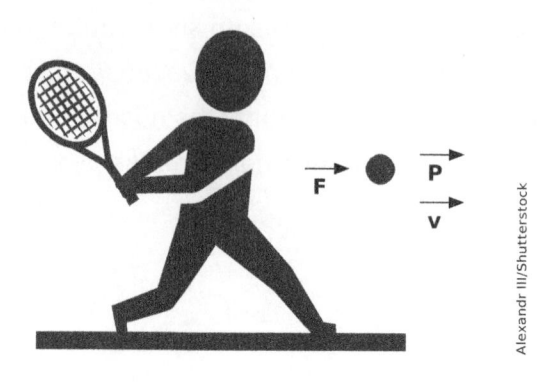

Alexandr III/Shutterstock

Considerando apenas uma partícula, definimos o momento linear como o produto entre a massa do objeto e sua velocidade de deslocamento, ou seja:

Equação 1.22

$$\mathbf{p} = m \cdot \mathbf{v}$$

Analisando essa equação, verificamos que o momento linear é uma grandeza vetorial e tem a mesma orientação que a velocidade da partícula. A unidade de medida no SI para o momento linear é quilograma vezes metro por segundo (kg · m/s).

Podemos relacionar a Equação 1.22 com a segunda lei de Newton, pois a força resultante que atua em uma partícula pode ser expressa pela taxa temporal da variação de seu momento linear. Em um sistema de referencial inercial, temos:

Equação 1.23

$$F = \frac{d\mathbf{p}}{dt} = \frac{d(m\mathbf{v})}{dt}$$

A expressão anterior tem validade geral. Contudo, para sistemas em que a massa é constante, essa variável pode ser retirada da diferencial, o que resulta novamente na equação correspondente à segunda lei de Newton. Assim, temos:

Equação 1.24

$$F = m\frac{d\mathbf{v}}{dt} = \mathbf{m} \cdot \mathbf{a}$$

Se analisarmos um sistema de *n* partículas, o momento linear será dado pela soma vetorial dos momentos lineares individuais de cada partícula:

Equação 1.25

$$\mathbf{p}_n = \mathbf{p}_1 + \mathbf{p}_2 + \mathbf{p}_3 + ... + \mathbf{p}_3$$

Em situações nas quais consideramos o centro de massa do sistema, o momento linear resultante será o produto entre a massa total do sistema (M) e a velocidade do centro de massa (v_{cm}). Matematicamente, temos:

Equação 1.26

$$p = M \cdot v_{CM}$$

O **momento linear se conserva** se sobre o sistema não atuar nenhuma força resultante externa, pois assim permanece constante. Sob essas condições, estabelece-se a **lei de conservação do momento linear**, expressa por:

Equação 1.27

$$p_i = p_f$$

Assim, de acordo com a equação, o momento linear será constante.

1.4.3 Impulso

A Equação 1.27 indica a condição de conservação do momento linear quando um corpo se comporta como uma partícula. No entanto, o momento linear pode ser alterado se uma força externa atuar sobre esse corpo. Por exemplo, na situação da Figura 1.5, o jogador oponente ao que lançou inicialmente a bola de tênis faz a bola colidir com outra raquete. Nesse caso, há uma colisão que ocorre em um intervalo de tempo muito pequeno, que tem elevado módulo do momento linear e que se altera bruscamente. A Figura 1.6 ilustra o evento.

Figura 1.6 – Força que atua durante a interação entre raquete e bola de tênis em um curto intervalo de tempo

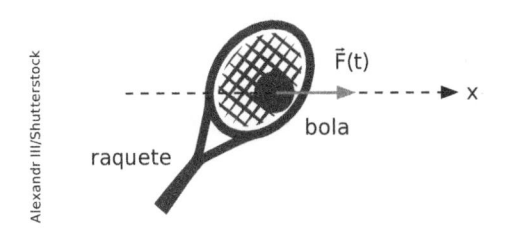

A Equação 1.23 é escrita como $\vec{F} = \dfrac{d\vec{p}}{dt}$, logo a variação do momento linear da bola em um intervalo de tempo dt é expressa por:

Equação 1.28

$$d\vec{p} = \vec{F}(t)\,dt$$

A integração dessa equação leva à variação do momento linear total de uma partícula após uma colisão entre um intervalo de tempo representado por t_i e t_f, matematicamente dada por:

Equação 1.29

$$\int_{t_i}^{t_f} d\vec{p} = \int_{t_i}^{t_f} \vec{F}(t)\,dt$$

Nessa equação, a variação do momento linear ($\Delta \vec{p}$) corresponde ao termo da esquerda; o lado direto é definido como impulso (**J**):

Equação 1.30

$$J = \int_{t_i}^{t_f} F(t)\,dt$$

Assim, temos o teorema do momento linear e impulso, expresso por:

Equação 1.31

$$\Delta p = J$$

Exercícios resolvidos

1. Determine o módulo do impulso gerado por uma força dada pela expressão $F(t) = \left[(5,0 \cdot 10^6) \cdot t - (1,5 \cdot 10^0) \cdot t^2\right]$, aplicada por um jogador em uma bola de massa 0,45 kg que estava inicialmente em repouso no plano horizontal. O tempo de contato entre a bola e o pé é $2,7 \cdot 10^{-3}$ s.

Resolução

O impulso é calculado pela equação:

$$J = \int_{t_i}^{t_f} F(t)\,dt$$

Substituindo as informações do enunciado, temos:

$$J = \int_0^{2,7 \cdot 10^{-3}} \left[(5,0 \cdot 10^6) \cdot t - (1,5 \cdot 10^9) \cdot t^2\right] \cdot dt$$

Integrando a equação anterior, obtemos:

$$J = \left[\frac{1}{2}(5{,}0 \cdot 10^6) \cdot t^2 - \frac{1}{3}(1{,}5 \cdot 10^9) \cdot t^3 \right]_0^{2{,}7 \cdot 10^{-3}}$$

Por fim, fazendo o cálculo, chegamos a:

$$J = 8{,}34 \text{ N} \cdot \text{s}$$

1.4.4 Colisões

Podemos observar facilmente eventos em que ocorrem colisões, como a batida entre dois veículos ou o choque entre as bolas do jogo de bilhar. As colisões podem ocorrer nas mais variadas situações, quando dois ou mais objetos interagem entre si de modo muito rápido, ou seja, em um intervalo de tempo muito curto, com troca de energia e de momento linear.

Durante os eventos que envolvem colisões, a **força interna** é a responsável pela interação entre os corpos e diante dela as forças externas passam a ser desprezíveis. Assim, podemos considerar que, nessas condições, o **momento linear se conserva**, uma vez que ele só irá variar se uma força resultante não nula atuar sobre o sistema. Portanto, o centro e a massa do sistema se deslocam com velocidade constante.

As colisões podem ser classificadas como *elásticas*, *perfeitamente inelásticas* e *inelásticas*.

- Nas **colisões elásticas**, tanto o momento linear quanto a energia cinética total das partículas envolvidas se conservam. Um exemplo típico são as batidas de bolas de sinuca.
- Nas **colisões perfeitamente inelásticas**, somente a energia cinética associada ao centro de massa do sistema se conserva. A energia cinética das outras partículas, que não estão relacionadas ao centro de massa, é dissipada na forma de energia térmica ou sonora, por exemplo. Nesse tipo de colisão, os corpos envolvidos permanecem unidos após o choque. Um exemplo é a bala de uma arma que fica presa a um alvo.
- Nas **colisões inelásticas**, a energia cinética também é conservada em relação ao centro de massa do sistema e apenas parte da energia cinética das demais partículas ligadas ao centro de massa se transforma em outro tipo de energia. Nesse tipo de colisão, os corpos envolvidos não permanecem unidos após o choque. Um exemplo de colisão inelástica é quando dois veículos se chocam e não se unem após o acidente.

Portanto, a análise de sistemas que realizam colisões deve ser baseada nos princípios da conservação da energia e da conservação do momento linear.

Exercícios resolvidos

1. Um carro se desloca em uma estrada e colide na traseira de um caminhão. Ambos os veículos trafegavam na mesma direção e no mesmo sentido. A massa do carro é de 850 kg e ele desenvolvia uma velocidade de 60 km/h. O caminhão tem massa de 3.500 kg e estava na velocidade de 72 km/h. Após a colisão, o carro ficou preso na traseira do caminhão. Diante dessas condições, determine:

a) A velocidade com que os dois veículos de deslocaram após a colisão.
b) A energia cinética do sistema antes e depois da colisão.

Resolução

Analisando a situação proposta, percebemos que se trata de uma colisão perfeitamente inelástica, portanto, a energia cinética e o movimento linear se conservam. De acordo com os dados do enunciado, inicialmente as velocidades dos veículos são diferentes, mas, como eles ficam unidos após a colisão, a velocidade final é a mesma após o acidente.

Vamos aos cálculos.

a) Para encontrarmos a velocidade com que os dois veículos se deslocaram após a colisão, devemos aplicar o princípio da conservação do momento linear. Cabe ressaltar que estamos considerando a velocidade dos veículos e do sistema como a velocidade do centro de massa:

$$p_i = p_f$$

$$m_{carro} \cdot v_{inicial\ carro} + m_{caminhão} \cdot v_{inicial\ caminhão} = m_{sistema} \cdot v_{final\ do\ sistema}$$

Substituindo os valores informados no enunciado, temos:

$$850 \cdot 60 + 3\,500 \cdot 72 = (850 + 3\,500) \cdot v_{final\ do\ sistema}$$

Desenvolvendo os cálculos, obtemos:

$$5\,100 + 252\,000 = (4\,350) \cdot v_{final\ do\ sistema}$$

$$v_{final\ do\ sistema} = \frac{5100 + 252000}{4350}$$

Por fim, a velocidade final do sistema em relação a seu centro de massa é:

$$v_{final\ do\ sistema} = 69{,}65\ km/h$$

b) Agora, para sabermos a energia cinética do sistema antes e depois da colisão dos veículos, devemos aplicar a equação da energia cinética para as situações inicial e final do sistema, ou seja, para o carro e o caminhão separados e unidos.

Para isso, usaremos a equação a seguir, que será discutida com mais detalhes nas próximas seções:

$$K = \frac{mv^2}{2}$$

Antes da colisão, os veículos estavam separados, então, temos:

$$K_{sistema} = \left(\frac{mv^2}{2}\right)_{carro} + \left(\frac{mv^2}{2}\right)_{caminhão}$$

Convertendo a velocidade para m/s e substituindo os valores dados, obtemos:

$$K_{sistema}z = \left(\frac{850 \cdot 16{,}66^2}{2}\right)_{carro} + \left(\frac{3500 \cdot 20^2}{2}\right)_{caminhão}$$

Desse modo, chegamos ao seguinte valor para a energia cinética do sistema **antes da colisão**:

$$K_{sistema} = 817\,961{,}13 \text{ J}$$

Após a colisão, os veículos ficaram unidos e passaram a desenvolver a velocidade obtida no item anterior (a), que, para os próximos cálculos, deve ser convertida em metros por segundo (19,34 m/s). Devemos considerar que a massa do sistema é a massa do carro mais a massa do caminhão, ou seja, 850 + 3 500 = 4 350 kg.

Substituindo os valores, temos:

$$K_{sistema} = \left(\frac{4350 \cdot 19{,}34^2}{2}\right)_{sistema}$$

Por fim, chegamos ao seguinte valor para a energia cinética do sistema **após a colisão**:

$$K_{sistema} = 813\,527{,}43 \text{ J}$$

1.4.5 Momento angular

Consideremos uma partícula de massa *m*, cuja posição em relação um ponto de referência O é dada pelo vetor *posição* **r**. Quando uma força **F** é aplicada sobre a partícula, resultando na alteração da direção do vetor **r**, há um torque τ, associado a uma rotação do vetor *posição* **r** em relação ao ponto de referência O. Vejamos a representação na figura a seguir.

Figura 1.7 – Vetores *posição* e *força* representando o torque, de sentido positivo no semieixo em z

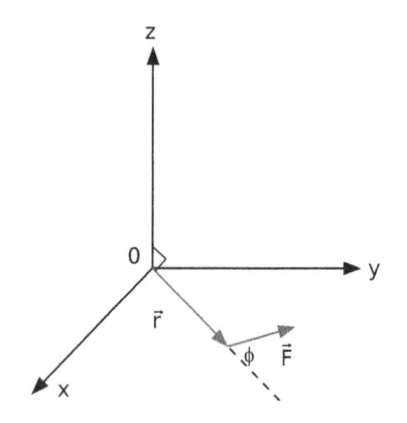

O torque τ é uma grandeza vetorial definida pelo produto vetorial do vetor *posição* **r** pelo vetor força **F**:

Equação 1.32

$$\tau = r \times F$$

Em que:

- **r** é o vetor *posição*, medido em metros (m);
- **F** é o vetor *força*, medido em newtons (N);
- **τ** é o vetor *torque*, medido em newton por metro (N · m).

O módulo do torque **τ** é dado por:

Equação 1.33

$$\tau = rF\operatorname{sen}\phi = rF_\perp$$

Em que:

- ϕ é o ângulo entre os vetores **r** e **F**;
- $F_\perp$ é a componente do vetor **F**, perpendicular ao vetor **r**.

A direção do torque é dada pela regra da mão direita e será sempre perpendicular ao plano formado pelo vetor posição **r** e pelo vetor força **F**.

Importante!

A figura a seguir mostra como utilizar a **regra da mão direita** para determinar o sentido do vetor **c**, o qual é o resultado do produto vetorial entre dois vetores genéricos **a** e **b**.

Figura E – Regra da mão direita

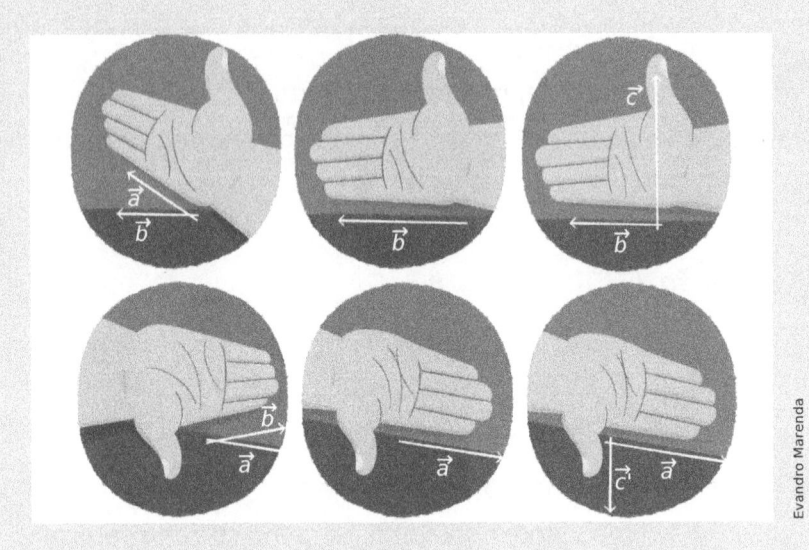

Fonte: Halliday; Resnick; Walker, 2016b, p. 140.

Inicialmente, devemos superpor as origens dos vetores ***a*** e ***b*** sem modificar as orientações, além de considerar uma reta perpendicular ao plano formado por esses dois vetores passando por uma origem comum. Com a mão direita, envolvemos essa reta perpendicular de modo que os dedos empurrem o vetor ***a*** na direção do vetor ***b*** ao longo do menor ângulo entre os vetores. Dessa forma, o polegar estendido indicará o sentido do vetor ***c***.

Assim como na análise do sentido do vetor resultante pela regra da mão direta, quando realizamos operações de produto vetorial e obtemos o sentido do vetor resultante com o uso da regra da mão direita, é importante observar a ordem da operação realizada.

Na Figura E, na situação representada pelas imagens da situação (a), o sentido do vetor resultante **c** é para cima; porém, quando invertemos a ordem da operação (b x a) – situação (b) – o sentido do vetor resultante **c** é para baixo (Halliday; Resnick; Walker, 2016b).

Para saber mais

FÍSICA SUPERIOR. **Aula 10**: explicando o produto vetorial e a regra da mão direita. Disponível em: <https://www.youtube.com/watch?v=PdtgGJFNZ2I>. Acesso em: 28 out. 2020.
Para melhor compreensão da regra da mão direita, indicamos esse vídeo explicativo.

Quando um corpo executa um movimento em que há uma rotação do vetor *posição* **r** em relação a um determinado ponto de referência, a esse corpo estará associado um **momento angular**. Quanto à origem de um sistema de coordenadas cartesianas, o momento angular (**L**) é uma grandeza vetorial definida pelo produto vetorial entre o vetor *posição* **r** e o momento linear **p**:

Equação 1.34

$$\mathbf{L} = \mathbf{r} \cdot \mathbf{p} = m \cdot (\mathbf{r} \cdot \mathbf{v})$$

Em que:

- **L** é o momento angular, medido em (kg · m²)/s;
- **r** é o vetor posição, medido em metros (m);
- **p** é o momento linear da partícula, medido em kg · (m/s);
- *m* é a massa da partícula, medida em quilogramas (kg);
- **v** é a velocidade linear da partícula, medida em metros por segundo (m/s).

De forma semelhante ao módulo do torque τ, o módulo do momento angular é dado por:

Equação 1.35

$$L = rp\,sen\phi = rp_\perp$$

Em que:

- ϕ é o ângulo entre os vetores **r** e **p**;
- $p_\perp$ é a componente do vetor **p**, perpendicular ao vetor **r**.

A direção e o sentido do momento angular também são dados pela regra da mão direita e serão sempre perpendiculares ao plano formado pelo vetor *posição* **r** e pelo vetor *momento linear* **p**.

A taxa temporal da variação do momento angular (**L**) é igual ao torque resultante (τ_{res}) sobre uma partícula, desde que ambos tenham o mesmo ponto de referência.

Equação 1.36

$$\tau_{res} = \frac{d\mathbf{L}}{dt}$$

Em que:

- τ_{res} é a soma vetorial dos torques individuais que atuam sobre uma partícula, medida em newton por metro (N · m).

Essa relação pode ser interpretada como uma forma da segunda lei de Newton aplicada aos movimentos de rotação.

Assim como o momento linear, o momento angular também se conserva, desde que o torque externo resultante que atua no sistema seja nulo. Em um sistema isolado, temos:

Equação 1.37

$$L_i = L_f$$

1.5 Teorema da conservação da energia

Veremos agora a relação entre trabalho e energia cinética, a fim de elaborar o teorema do trabalho e da energia cinética, baseado nas equações de movimento e na segunda lei de Newton. Portanto, esse teorema é uma ferramenta poderosa que permite estudar o movimento dos corpos sem a necessidade de recorrer às equações do movimento.

Também trataremos de um dos mais importantes conceitos da física, o princípio da conservação da energia, que possibilita a avaliação das transformações de energia de um sistema, além da determinação de quais grandezas físicas se conservam ou não.

1.5.1 Trabalho e energia cinética

Ao chutarmos uma bola, aplicamos nela uma força com o pé e, em seguida, ela entra em movimento. Da mesma forma, quando empurramos uma geladeira para mudá-la de posição, aplicamos sobre ela uma força para que seu deslocamento ocorra. Nessas situações, assim como em muitas outras de nosso dia a dia, aplicamos diretamente os conceitos de *trabalho* e *energia* e o princípio da conservação da energia.

Em física, os conceitos de *energia* e de *trabalho* estão intimamente relacionados. A grandeza *trabalho* permite a medição das transformações de energia causadas pela ação de uma força que atua sobre um objeto ou sobre um sistema. A rigor, não é possível definirmos *energia*; seu conceito se baseia no fato de que, se um corpo ou um sistema tiver energia, então terá capacidade de realizar trabalho.

Se uma força aplicada sobre um objeto for constante, o trabalho W é calculado pelo produto escalar entre a força **F** aplicada e seu correspondente deslocamento Δ**r**, matematicamente expresso pela seguinte equação:

Equação 1.38

$$W = \mathbf{F} \cdot \Delta\mathbf{r}$$

A unidade de trabalho, no SI, é o joule (J). Relembramos que o trabalho é uma grandeza escalar obtida pelo produto escalar entre a força e a distância. Se a força aplicada sobre um objeto for variável, o trabalho W será calculado pela integral de linha do trabalho executado no deslocamento considerado.

Equação 1.39

$$W = \int_{1}^{2} \mathbf{F} \cdot \Delta\mathbf{r}$$

Pela definição do produto escalar, o trabalho equivalente ao produto do deslocamento pela força está na mesma direção dele, conforme representado anteriormente na Figura 1.3. Portanto, a expressão para o cálculo do trabalho pode ser escrita como:

Equação 1.40

$$W = \mathbf{F} \cdot \Delta\mathbf{d} \cdot \cos\theta$$

Figura 1.8 – Representação da componente horizontal, que contribui para a realização de trabalho

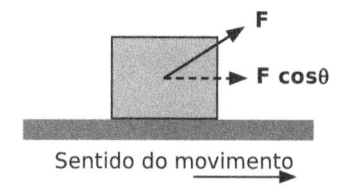

Importante!

Se a força aplicada ao objeto tiver uma componente no mesmo sentido do deslocamento, o trabalho será positivo, ou seja, haverá um **trabalho motor**.

Se a força aplicada ao objeto tiver uma componente no sentido oposto ao deslocamento, o trabalho será negativo, ou seja, haverá um **trabalho resistente**.

Se a força atuar perpendicularmente ao sentido do deslocamento, o trabalho realizado será **nulo**.

Figura 1.9 – Tipos de trabalho

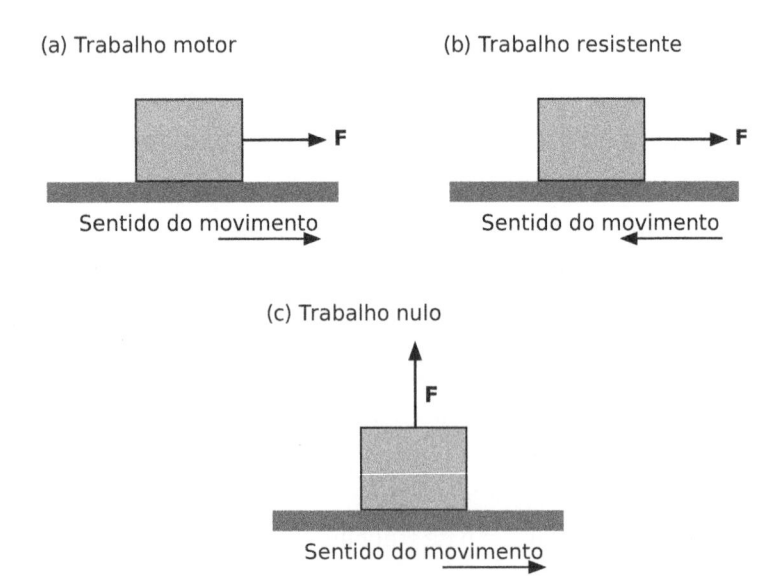

(a) Trabalho motor

(b) Trabalho resistente

(c) Trabalho nulo

Um objeto terá **energia cinética K** se estiver em movimento. A energia cinética depende da massa m e da velocidade v do objeto. Matematicamente, K é expressa pela equação a seguir, que se origina diretamente da segunda lei de Newton e se relaciona com o estado de movimento da partícula:

Equação 1.41

$$K = \frac{mv^2}{2}$$

Se o objeto se movimentar da posição r_1 para $r_1 + dr$ (com d**r** infinitesimal), poderemos determinar a derivada temporal de K. Considerando que $v^2 = \mathbf{v} \cdot \mathbf{v}$, temos (Halliday; Resnick; Walker, 2016b):

Equação 1.42

$$\frac{dK}{dt} = \frac{1}{2}m\frac{d}{dt}(\mathbf{v} \cdot \mathbf{v}) = \frac{1}{2}m(\dot{\mathbf{v}} \cdot \mathbf{v} + \mathbf{v} \cdot \dot{\mathbf{v}}) = m\dot{\mathbf{v}} \cdot \mathbf{v}$$

Ou seja, de acordo com a segunda lei de Newton, a parcela mv corresponde à força **F** aplicada sobre o objeto. Assim, podemos escrever a equação anterior como:

Equação 1.43

$$\frac{dK}{dt} = \mathbf{F} \cdot \mathbf{v}$$

Multiplicando ambos os lados por dt e sabendo que **v** · dt é o deslocamento d**r**, temos:

Equação 1.44

$$dK = \mathbf{F} \cdot d\mathbf{r}$$

Quando analisamos o lado direito da Equação 1.44 e a comparamos com a Equação 1.40, concluímos que se trata da grandeza *trabalho W*, o qual corresponde à variação da energia cinética ΔK. Logo, o trabalho total que resulta da ação das forças externas sobre um corpo é igual à variação da energia cinética do objeto, conforme a Equação 1.44, conhecida como *teorema do trabalho e da energia cinética*.

Exercícios resolvidos

1. Uma pessoa realiza uma viagem em um carro de massa 1450 kg. Em determinado trecho do percurso, o veículo desloca-se na direção norte a 60 km/h e, em seguida, vira para o leste e acelera, atingindo a velocidade de 72 km/h. Com base nesses valores, determine:
a) A variação da energia cinética do carro.
b) O módulo e o sentido da variação do momento linear do carro.

Resolução
Analisando a situação-problema com base nos dados fornecidos, podemos concluir que a resolução do exercício se dará por meio das equações e dos conceitos relacionados à energia e ao momento linear. Nesse

sentido, devemos lembrar que a energia é uma grandeza escalar e o momento linear, uma grandeza vetorial. Portanto, a mudança de sentido do movimento do carro não precisa ser considerada para o cálculo da energia cinética, item (a), mas é fundamental que seja levada em conta nos cálculos do momento linear, item (b).

a) Para conhecermos a energia cinética do carro, adotamos a Equação 1.41. Como é solicitada a variação da energia cinética, temos:

$$\Delta K = \frac{mv_{final}^2}{2} - \frac{mv_{inicial}^2}{2}$$

Com os dados fornecidos no enunciado e substituindo-os na equação anterior, obtemos:

$$\Delta K = \frac{1450 \cdot 20^2}{2} - \frac{1450 \cdot 16,66^2}{2}$$

Vale destacar que é preciso converter a unidade de medida da velocidade de km/h para m/s. Assim, encontraremos a variação da energia cinética:

$$\Delta K = 88\,769 \text{ J}$$

b) Agora, vamos calcular o módulo e o sentido da variação do momento linear do carro. Sabemos que o momento linear é uma grandeza vetorial que tem a mesma direção e o mesmo sentido do vetor velocidade. Vejamos na imagem a seguir.

Figura F – Direção e sentido dos vetores velocidade (a), vetores velocidade e vetor velocidade resultante (b) e vetor velocidade resultante com intensidade, direção e sentido (c)

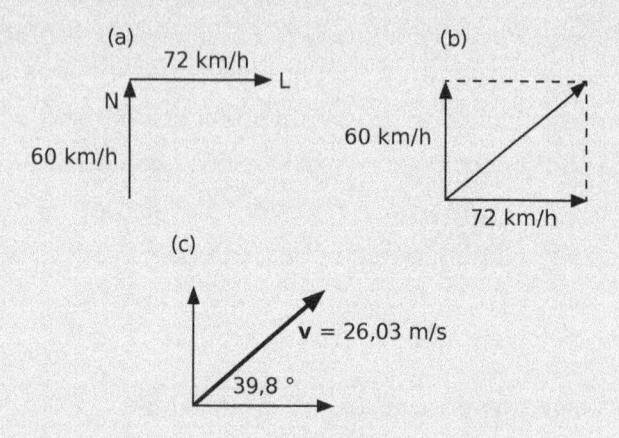

(a) 72 km/h L
N
60 km/h

(b) 60 km/h
72 km/h

(c) v = 26,03 m/s
39,8°

O item (b) da figura nos mostra que o módulo do vetor velocidade resultante pode ser calculado pelo teorema de Pitágoras: cada um dos vetores *velocidade* corresponde aos catetos e o vetor *velocidade resultante*, à hipotenusa. Assim, temos:

$$|v| = \sqrt{v_{inicial}^2 + v_{final}^2}$$

Substituindo os valores de velocidade em m/s, obtemos:

$$|v| = \sqrt{16,66^2 + 20^2}$$

Calculando o módulo do vetor velocidade, chegamos a:

$$|v| = 26,03 \text{ m/s}$$

A orientação (direção e sentido) do módulo do vetor velocidade é dada pela relação trigonométrica do triângulo retângulo:

$$\theta = \tan^{-1} \frac{V_{inicial}}{V_{final}}$$

Substituindo os valores, temos:

$$\theta = \tan^{-1} \frac{16,66}{20}$$

$$\theta = \tan^{-1} 0,833$$

$$\theta = 39,79°$$

O item (c) da Figura F representa graficamente o vetor *velocidade resultante*, com intensidade, direção e sentido – como acabamos de calcular.
Vamos retornar à questão do problema: o momento linear. Sabemos que o módulo do momento linear tem a mesma direção e o mesmo sentido do vetor *velocidade*, logo, podemos aplicar a equação do momento linear utilizando a massa do veículo e as informações do vetor *velocidade resultante*.
Assim, o módulo do momento resultante é:

$$|\mathbf{p}| = m \cdot \mathbf{v}$$

$$|\mathbf{p}| = 1\,450 \cdot 26,03$$

$$|\mathbf{p}| = 37\,743,50 \text{ kg} \cdot \text{m/s}$$

O sentido do momento resultante é o mesmo do vetor *velocidade*, ou seja, 39,8° em relação ao eixo *x* – item (c) da Figura F.

1.5.2 Conservação da energia mecânica

Na história da ciência, o físico James Prescott Joule, em seus estudos, desenvolveu uma famosa experiência, conhecida como *experiência de Joule* (equivalente mecânico do calor), que é considerada determinante para a aceitação do princípio da conservação da energia. A Figura 1.10 retrata um esquema desse experimento. Joule mostrou que a força mecânica decorrente do movimento das massas é equivalente à quantidade de calor capaz de elevar a temperatura da água no calorímetro por causa do movimento mecânico das pás em seu interior. Assim ocorre a transformação da energia mecânica em energia térmica.

O **princípio da conservação da energia** possibilita a compreensão de como certas grandezas se conservam, assim como as condições em que a não conservação ocorre.

Figura 1.10 – Experiência de Joule: equivalente mecânico do calor

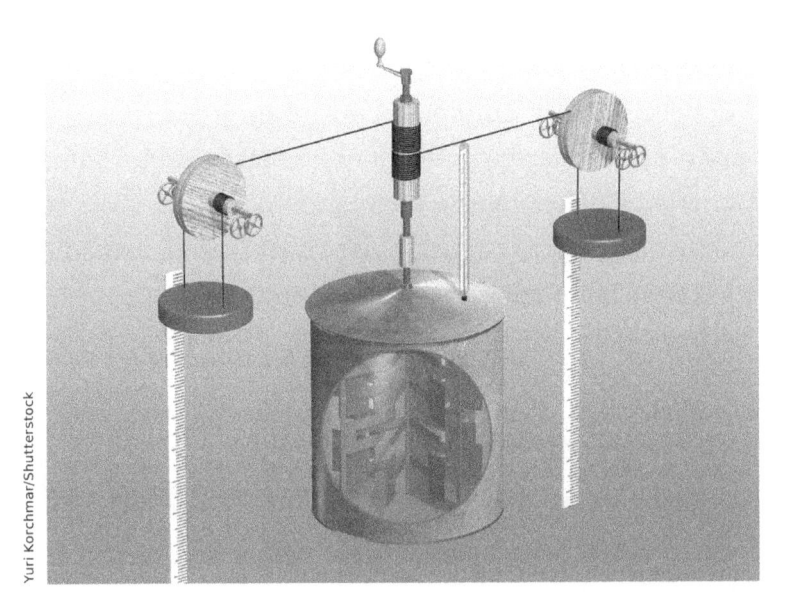

A energia mecânica é conservada em sistemas nos quais apenas forças conservativas realizam trabalho – por exemplo, a força gravitacional e a força elástica. Para que uma força seja conservativa, deve satisfazer duas condições:

1. Depender apenas da posição r da partícula, e não de qualquer outra variável, como o tempo ou a velocidade. Portanto, também não deve depender da trajetória descrita pelo corpo.
2. O trabalho realizado pela força deve ser o mesmo para todos os caminhos possíveis entre dois diferentes pontos (Taylor, 2013).

Em um sistema no qual atuam forças não conservativas, ou seja, **forças dissipativas**, como a de atrito ou a de resistência do ar, a energia mecânica não se conserva.

O **princípio da conservação da energia mecânica** estabelece que a energia mecânica é a soma da energia cinética mais a energia potencial, as quais se conservam quando apenas forças conservativas atuam no sistema. Matematicamente, a energia mecânica é dada por:

Equação 1.45

$$E_{mec} = K = U(r)$$

De forma genérica, podemos escrever:

Equação 1.46

$$E_{mec} = K + U$$

Podemos definir *energia potencial U (r)* como uma função que depende apenas da posição de uma dada força conservativa. Primeiramente, devemos escolher um referencial inicial r_0, definido como *zero*; no caso da força gravitacional, essa posição deve ser próxima à superfície da Terra (Taylor, 2013).

Logo, definimos a energia potencial como:

Equação 1.47

$$U(\mathbf{r}) = -W(\mathbf{r}_0 \rightarrow \mathbf{r}) \equiv -\int_{r_0}^{r} \mathbf{F}(\mathbf{r'}) \cdot d\mathbf{r'}$$

Essa equação mostra que a energia potencial $U(r)$ é igual ao negativo do trabalho realizado pela força **F** quando um objeto se desloca do ponto de referência inicial r_0 para um outro ponto do espaço.

Exercícios resolvidos

1. A Figura G mostra um bloco de 3 kg que desliza sobre uma rampa, sem atrito, do ponto A ao ponto B. Determine a velocidade adquirida pelo bloco no ponto B.

Figura G – Bloco deslizando sobre uma rampa

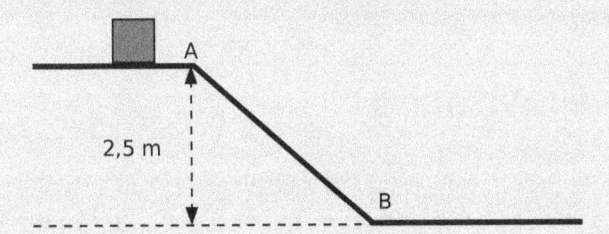

Resolução
Analisando e aplicando o princípio da conservação da energia, vemos que, no ponto A, a contribuição é apenas correspondente à energia potencial gravitacional, pois o bloco ainda está em repouso, portanto, a energia cinética é nula. O inverso ocorre no ponto B, pois

a energia potencial gravitacional do ponto A foi convertida integralmente, desprezando-se qualquer perda, em energia cinética. Assim, temos:

$$K_{final} + U_{final} = K_{inicial} + U_{inicial}$$

$$\frac{m \cdot v_{final}^2}{2} + m \cdot g \cdot h_{final} = \frac{m \cdot v_{inicial}^2}{2} + m \cdot g \cdot h_{inicial}$$

A massa é um termo comum a todos os fatores, por isso podemos cancelá-la:

$$\frac{v_{final}^2}{2} + g \cdot h_{final} = \frac{v_{inicial}^2}{2} + g \cdot h_{inicial}$$

Substituindo os valores, obtemos:

$$\frac{v_{final}^2}{2} + 9,8 \cdot 0 = \frac{0}{2} + 9,8 \cdot 2,5$$

Logo, a velocidade final atingida pelo bloco é:

$$v_{final} = 7 \text{ m/s}$$

1.6 Gravitação

Algumas das primeiras investigações em física se iniciaram com questionamentos sobre o céu, os planetas e as estrelas, entre outros. Hoje, o conhecimento da mecânica celeste permite, por exemplo, que determinemos a trajetória exata para enviar uma nave espacial ao espaço ou colocar um satélite artificial da Terra em uma órbita desejada.

Johannes Kepler (1571-1630) determinou como os planetas se movem em torno do Sol, e seus estudos possibilitaram a formulação das três leis da dinâmica celeste, as **leis de Kepler**, as quais também são válidas para o movimento de satélites artificiais e para corpos de massa pequena em comparação com a massa do corpo central em torno do qual orbitam.

A **primeira lei de Kepler**, a **lei das órbitas**, estabelece que os planetas se movem em órbitas elípticas, com o Sol em um dos focos da elipse.

A **segunda lei de Kepler**, a **lei das áreas**, descreve que o segmento imaginário que une o centro do Sol ao centro de um planeta varre áreas iguais em tempo iguais, ou seja, podemos concluir que a variação da taxa temporal dA/dt da área A com o tempo é constante. Considerando a Figura 1.11, temos, matematicamente:

Equação 1.48

$$\frac{A_1}{\Delta t_1} = \frac{A_2}{\Delta t_2} = \text{constante}$$

Figura 1.11 – Representação da primeira e da segunda leis de Kepler

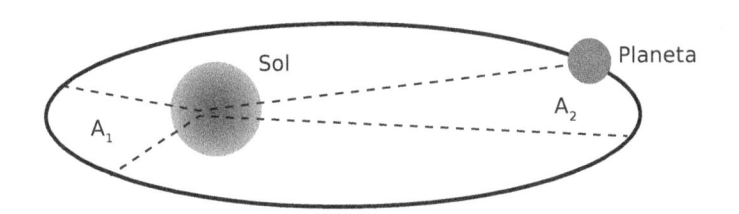

Já a **terceira lei de Kepler**, a **lei dos períodos**, afirma que os quadrados dos períodos (T) de translação dos planetas em torno do Sol são proporcionais ao cubo médio dos raios de suas órbitas.

Isaac Newton (1642-1727) formulou a **lei da gravitação universal** com base nas leis de Kepler. Ao estudar o movimento da Lua em torno da Terra, Newton concluiu que a mesma força que faz os corpos caírem na Terra é exercido por esta sobre a Lua, e que essa força mantém os planetas em órbita em torno do Sol.

A lei da gravitação universal tem caráter fundamental no que se refere à atração gravitacional de corpos de qualquer natureza. Ela é enunciada da seguinte forma:

Dois pontos materiais m_1 e m_2 se atraem mutuamente com forças que têm a mesma direção da reta que os une e cujas intensidades são diretamente proporcionais ao produto de suas massas e inversamente proporcionais ao quadrado da distância (r) que os separa.

Matematicamente, o módulo da força de atração gravitacional é dado por:

Equação 1.49

$$F = G \cdot \frac{m_1 m_2}{r^2}$$

Em que:

- G é a constante gravitacional e vale $6{,}67 \cdot 10^{-11}$ $(N \cdot m^2)/kg^2$.

A intensidade da força gravitacional só é considerável quando pelo menos uma das massas for elevada, como a de um planeta. Para corpos de pequenas massas (carro, caneta, geladeira), a intensidade da força gravitacional, na maioria das vezes, pode ser desprezada.

Para saber mais

PHET Interactive Simulations. **Simulações**. Disponível em: <https://phet.colorado.edu/pt_BR/simulations/filter?subjects=physics&sort=alpha&view=grid>. Acesso em: 29 out. 2020.

Nesse *site*, há diversas simulações de diferentes tipos de forças, das leis de Newton, da energia e da conservação do momento linear e do momento angular. Sugerimos os seguintes exemplos:

- **Forças e movimento** – Apresenta noções básicas sobre forças e suas relações com o movimento.
- **Atrito** – Ajuda a compreender o modelo de atrito no nível molecular.
- **A rampa** – Exibe a ação e os conceitos de força, trabalho e energia.
- **Energia na pista de *skate*** – Mostra o princípio da conservação da energia.

Síntese

Neste primeiro capítulo, apresentamos os principais tópicos da mecânica newtoniana e os teoremas de conservação da energia e dos momentos linear e angular. As leis de Newton se aplicam a inúmeras situações de nosso cotidiano, como chutar uma bola, empurrar um objeto em repouso e colocá-lo em movimento, arrastar uma cadeira e movê-la para o outro lado da sala ou as condições de equilíbrio de um quadro pendurado na parede.

Nesse sentido, analisamos as forças que atuam em um corpo ou em um sistema, bem como examinamos o movimento segundo as leis de Newton e com o uso das equações a ele relacionadas.

Também verificamos os teoremas da conservação da energia e dos momentos linear e angular, os quais auxiliam o estudo do movimento em situações nas quais as equações do movimento ou as leis de Newton se tornam demasiadamente trabalhosas.

Atividades de autoavaliação

1) A figura a seguir representa um bloco que desliza em um plano inclinado com atrito.

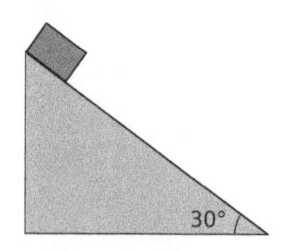

Com base no princípio da conservação da energia e, portanto, nas energias cinética, potencial gravitacional e mecânica, é correto afirmar:

a) Nessa situação, a energia mecânica do sistema se conserva, ocorrendo a transformação integral da energia potencial gravitacional, que é máxima na posição representada na figura, em energia cinética, quando o bloco chega ao final do plano inclinado.

b) Nessa situação, a energia mecânica do sistema se conserva, ocorrendo a transformação integral da energia cinética, que é máxima na posição representada na figura, em energia potencial gravitacional, quando o bloco chega ao final do plano inclinado.

c) Nessa situação, a energia mecânica do sistema não se conserva, uma vez que há atrito entre o bloco e o plano inclinado, por isso haverá perda de energia na forma de calor.

d) Embora a força de atrito seja uma força dissipativa, ela não afeta o princípio da conservação da energia, pois a força de atrito gera uma perda de energia térmica que não é capaz de alterar os valores das energias cinética e potencial gravitacional.

e) A força de atrito é uma força dissipativa, portanto, não é válido o princípio da conservação da energia, pois, em razão do atrito, ocorrerá uma perda de energia térmica, mas não haverá nenhuma conversão das energias cinética e potencial gravitacional.

2) Um carro de massa 1 300 kg se movimenta com energia cinética de $2340 \cdot 10^3$ J. Determine a quantidade de momento linear do veículo:
   a) 55 154 kg · m/s.
   b) $78 \cdot 10^3$ kg · m/s.
   c) $78 \cdot 10^2$ kg · m/s.
   d) 2 455 kg · m/s.
   e) 4 680 kg · m/s.

3) O movimento em duas ou em três dimensões pode ser compreendido como:
   a) uma composição de movimentos: MRU e MRUV.
   b) um movimento acelerado em todas as suas dimensões.
   c) um movimento sem aceleração em todas as suas dimensões.
   d) um movimento de queda livre.
   e) uma composição de movimentos: linear e circular.

4) O momento angular é uma grandeza associada à rotação de um movimento. Assinale a alternativa que expressa uma afirmativa verdadeira sobre essa grandeza:
   a) Em nenhuma situação o momento angular se conserva.
   b) A roda de um carrinho executa um movimento combinado de rotação e de translação, por isso o momento angular não se conserva.

c) Se o torque resultante externo aplicado em um sistema em rotação for nulo, o momento angular se conservará.

d) A unidade de medida no SI para o momento angular é metros por radianos (m/rad).

e) O momento angular sempre se conserva, pois a velocidade de um objeto em rotação é sempre constante.

5) Com relação às leis de Newton, analise as afirmativas a seguir e marque V para as verdadeiras e F para as falsas.

( ) As leis de Newton são válidas em referenciais inerciais.

( ) A primeira lei de Newton, a lei da inércia, estabelece que, se um corpo ou um sistema não sofrer nenhuma aceleração, seu estado de movimento será inalterado.

( ) Para os casos em que mais de uma força age sobre o objeto, a mudança no estado de movimento acontecerá somente se a resultante das forças não for nula.

( ) A resultante das forças que atuam sobre um objeto equivale à aplicação de uma única força, a qual, atuando sozinha, produz a mesma aceleração que todas as forças em conjunto.

( ) A aceleração experimentada por um objeto é diretamente proporcional à força resultante que atua sobre ele, e a constante de proporcionalidade corresponde ao inverso de sua massa.

( ) A força normal e a força peso formam um par *ação e reação*, pois são forças de naturezas diferentes que atuam sobre o mesmo corpo. De acordo com a terceira lei de Newton, o par *ação e reação* atua em corpos diferentes.

( ) A unidade de força é kg · m/s², que equivale ao newton (N), em homenagem ao inglês Isaac Newton, por suas renomadas contribuições ao campo da mecânica.

Assinale a alternativa que corresponde à sequência correta:

a) V, V, F, V, V, V, V.
b) V, V, V, V, V, F, F.
c) V, V, V, V, V, V, F.
d) V, F, V, V, V, V, V.
e) V, V, V, V, V, F, V.

Atividades de aprendizagem

Questões para reflexão

1) Considere uma bola de futebol em três diferentes situações:
   - Caindo em movimento de queda livre.
   - Caindo em movimento horizontal após deslizar sobre uma mesa.
   - Sendo chutada em certo ângulo em relação à superfície horizontal.

Para as situações descritas, levando em conta o movimento da bola em diferentes instantes (no início, no meio e no final do movimento), realize as seguintes análises:

a) Quais são as forças que atuam sobre a bola? Elabore o diagrama do corpo livre para representar as forças atuantes.

b) Qual é a aceleração da bola: ela é positiva, negativa ou nula?

c) Qual é a conservação da energia mecânica da bola: em qual(is) ponto(s) a energia cinética/potencial gravitacional é máxima, mínima ou nula?

2) Com base na equação do alcance do movimento oblíquo, explique:

a) A relação entre o ângulo de lançamento e o alcance.

b) Como os jogadores de futebol podem se beneficiar do conhecimento da equação do alcance do movimento oblíquo, exposta a seguir:

$$A = \left[2v_0^2\ \text{sen}(2\theta)\right]g$$

Atividade aplicada: prática

1) Vamos verificar a validade da conservação do momento linear. Para isso, serão necessárias 2 réguas de 30 cm e 4 moedas iguais. O procedimento experimental consiste em construir uma trilha com

as réguas, na qual serão posicionadas as moedas, como mostra a figura a seguir.

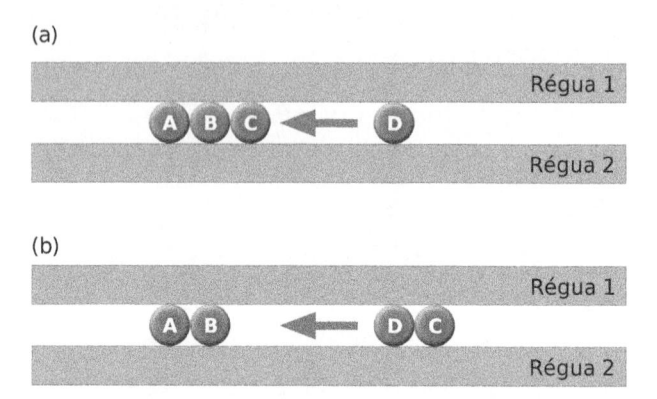

(a)

| Régua 1 |
| A B C ← D |
| Régua 2 |

(b)

| Régua 1 |
| A B ← D C |
| Régua 2 |

a) Configure o sistema conforme a situação (a) da figura. Deixe 3 moedas (A, B e C) lado a lado, em repouso, e realize o deslizamento da moeda D em direção às demais. Descreva o fenômeno observado e como ele expressa a conservação do momento linear.

b) Prepare o sistema conforme a situação (b) da figura. Coloque 2 moedas (A e B) lado a lado, em repouso, e realize o deslizamento em conjunto das moedas C e D em direção às moedas A e B. Descreva o fenômeno observado e como ele expressa a conservação do momento linear.

c) Compare os resultados das duas configurações e analise como a diferença da quantidade de moedas altera (ou não) o resultado do experimento.

Oscilações lineares e não lineares

2

Em muitas situações, podemos observar fenômenos oscilatórios: nas cordas de um violão, na membrana de um tambor, no pêndulo de um relógio, na rede elétrica e nos motores de automóveis, entre outros exemplos. Na natureza, também constatamos oscilações, como os terremotos, que podem causar abalos de intensidade variável – os tremores mais intensos podem desmoronar prédios. As aranhas se utilizam desse evento para detectar quando uma presa cai em suas teias.

Neste capítulo, apresentaremos importantes conceitos relacionados às oscilações lineares e não lineares. Nesse sentido, veremos o pêndulo simples e o sistema massa-mola, os quais executam movimentos oscilatórios que permitem o estudo dos principais conceitos relacionados a esse tema. Trataremos, ainda, dos principais movimentos oscilatórios: o oscilador harmônico simples, o oscilador amortecido, o oscilador forçado e o oscilador harmônico acoplado. Por fim, abordaremos o fenômeno da ressonância, que ocorre quando algumas oscilações se sobrepõem.

2.1 Movimento harmônico simples (MHS)

Todo movimento que se repete em intervalos de tempo regulares é chamado de *movimento periódico* ou *movimento harmônico simples* (MHS). O estudo do MHS permite a compreensão das características gerais de todos os movimentos oscilatórios: a relação entre período e frequência, a frequência angular e a amplitude de deslocamento, as quais abordaremos nas próximas seções.

2.1.1 Período e frequência

Na Figura 2.1, vemos uma esfera suspensa por um fio, que oscila em torno da origem do eixo *x* (ponto 0, ou ponto de equilíbrio), deslocando-se alternadamente para ambos os lados (direito e esquerdo), a uma mesma distância x_m (em módulo). A **frequência** *f* da oscilação é o número de vezes por unidade de tempo em que a esfera completa um ciclo, ou seja, uma oscilação completa.

No Sistema Internacional (SI), a unidade de frequência da oscilação é o **hertz** (Hz). Logo, podemos estabelecer as seguintes equivalências:

Oscilação a cada segundo = 1 hertz = 1 Hz = 1 s^{-1}

A frequência pode ser relacionada com o tempo necessário para a esfera completar um ciclo, ou seja, para sair da posição +x_m, chegar à posição –x_m e retornar à posição +x_m. Esse tempo é chamado de **período *T*** da oscilação, dado por:

Equação 2.1

$$T = \frac{1}{f}$$

A **frequência angular (ω)** representa a taxa de variação de uma dada grandeza angular. No SI, a unidade de frequência angular (ω) é o radiano por segundo (rad/s) e pode ser relacionada com a frequência e com o período:

Equação 2.2

$$\omega = 2\pi f = \frac{2\pi}{T}$$

Figura 2.1 – Esfera executando movimento periódico em torno do ponto de equilíbrio 0

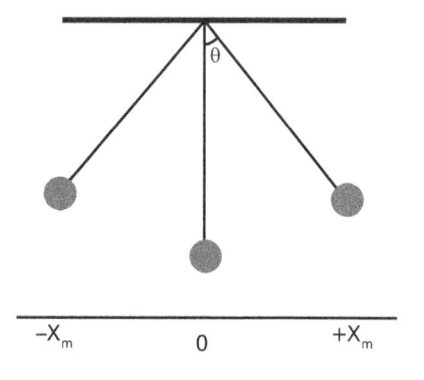

Esse deslocamento de $+x_m$ até $-x_m$ do pêndulo corresponde às amplitudes máxima e mínima da oscilação da esfera, ou seja, é o deslocamento máximo e mínimo que ela executa em relação ao ponto de equilíbrio 0. Esse movimento descrito para a esfera da Figura 2.1 é similar ao movimento de ida e volta de uma criança brincando em um balanço, que também é um movimento periódico.

2.1.2 Funções horárias do MHS

O MHS é descrito matematicamente por uma função senoidal (seno ou cosseno) relacionada com tempo t, pois, assim como essas funções trigonométricas, ele é periódico em relação ao tempo. Consideremos uma função cosseno genérica para descrever o movimento oscilatório de um objeto conforme a seguinte **equação da posição em função do tempo x(t)**:

Equação 2.3

$$x(t) = x_m \cos(\omega t + \varphi)$$

Em que:

- x_m é a amplitude do movimento;
- ω é a frequência angular;
- t é o tempo;
- φ é o ângulo de fase.

Na equação da posição x(t), a amplitude do movimento oscilatório está relacionada com os valores da função cosseno, a qual varia de +1 a –1. Vejamos a figura a seguir.

Figura 2.2 – Sistema massa-mola

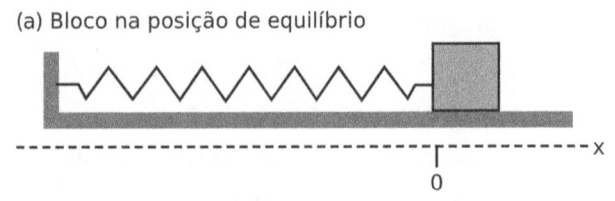

(a) Bloco na posição de equilíbrio

(b) Força aplicada ao bloco que o comprime

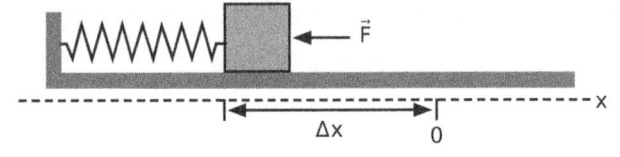

(c) Força aplicada ao bloco que o estica

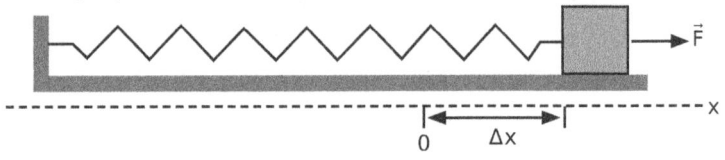

Na Figura 2.2, o bloco está preso à mola, não há atrito entre a superfície e o bloco e os deslocamentos máximo e mínimo que ele realiza vão de +1 a –1, ou seja, correspondem às amplitudes máxima (A) e mínima do bloco. Se o bloco for deslocado a partir da posição de equilíbrio 0 até a posição de amplitude máxima +1, executará uma oscilação completa quando retornar à posição de equilíbrio.

Quando está em movimento, o bloco preso à mola executa um movimento oscilatório entre $-x_m$ e $+x_m$, logo, sua velocidade varia em módulo e sentido e podemos determiná-la pela derivada da função da posição em função do tempo x(t). Portanto, temos a **equação da velocidade em função do tempo v(t)**:

Equação 2.4

$$v(t) = \frac{dx(t)}{dt} = \frac{d}{dt}\left[x_m \cos(\omega t + \varphi)\right]$$

Equação 2.5

$$v(t) = -\omega x_m \operatorname{sen}(\omega t + \varphi)$$

De acordo com a função v(t), os valores da velocidade dependem de $\pm \omega x_m$, que é a amplitude da variação da velocidade, a qual, por sua vez, depende da função matemática seno, que varia entre os valores +1 e –1. Assim, quando o bloco preso à mola está em x = 0 e se desloca da esquerda para a direita, a velocidade é positiva, com o maior módulo em $+x_m$. O contrário também é válido, ou seja, quando o bloco está em x = 0 e se move da direita para a esquerda, há uma velocidade negativa e com o menor o módulo possível. O fator $\pm \omega x_m$, que está na equação da velocidade, multiplica a função seno e, consequentemente, determina os valores extremos da variação da aceleração, por isso o termo $\omega^2 x_m$ é a amplitude da variação da velocidade.

Para obtermos a aceleração do bloco preso à mola ou de uma partícula que executa um MHS, basta derivarmos a função velocidade em relação ao tempo v(t). Logo, teremos as seguintes relações para a **equação da aceleração em função do tempo a(t):**

Equação 2.6

$$a(t) = \frac{dv(t)}{dt} = \frac{d}{dt}\left[-\omega x_m \text{sen}(\omega t + \varphi)\right]$$

Equação 2.7

$$a(t) = -\omega^2 x_m \cos(\omega t + \varphi)$$

Assim como as equações da posição e da velocidade para o MHS, a equação da aceleração também depende de uma função trigonométrica, a função cosseno, a qual varia com o tempo entre –1 e +1. O fator $\pm\omega^2 x_m$, que está na equação da aceleração, multiplica a função cosseno e, consequentemente, determina os valores extremos da variação da aceleração; por isso o termo $\omega^2 x_m$ é a amplitude da variação de aceleração.

O gráfico a seguir representa as funções periódicas da posição, da velocidade e da aceleração em função do tempo de um sistema oscilatório.

Gráfico 2.1 – Funções periódicas da posição, da velocidade e da aceleração do MHS

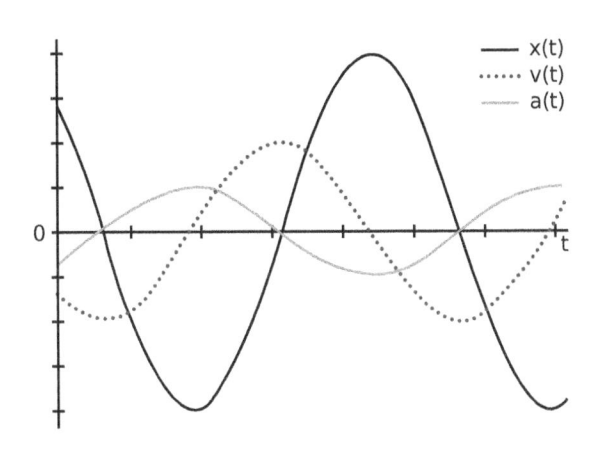

Fonte: Marques, 2007.

Exercício resolvidos

1. Um oscilador harmônico simples executa um movimento periódico descrito pela equação da posição em função do tempo, em unidades do SI, dada por:

   $$x(t) = 2\cos(3t + \varphi)$$

   Com base nesses dados, determine:
   a) A amplitude do movimento.
   b) A frequência angular do movimento.
   c) A equação da velocidade em função do tempo.
   d) A equação da aceleração em função do tempo.

Resolução

Para a resolução dos itens *a* e *b*, basta compararmos a equação da posição de um MHS com a equação dada no exemplo. Assim, temos:

$$x(t) = x_m \cos(\omega t + \varphi)$$
$$\downarrow \quad \downarrow$$
$$x(t) = 2\cos(3t + \varphi)$$

Portanto:

a) A amplitude (x_m) do movimento corresponde a 2 m.
b) A frequência angular (ω) do movimento equivale a 3 rad/s.

Para a resolução dos itens *c* e *d*, devemos calcular as derivadas primeira e segunda, respectivamente, da equação da posição em função do tempo dada no enunciado do problema. Desse modo, obtemos:

c) $v(t) = -6x_m \operatorname{sen}(3t + \varphi)$

d) $a(t) = -18\cos(3t + \varphi)$.

2.1.3 Energia no MHS

Nesta seção, descreveremos as relações de energia no MHS, que possibilitam ampliar o conhecimento sobre o assunto e, assim, aplicá-lo em diferentes situações-problemas.

Para isso, vamos considerar o sistema massa-mola da Figura 2.2, no qual apenas a força da **mola** atua no sistema, que é uma força conservativa. Portanto, após o bloco entrar em movimento, teremos a energia potencial elástica (E_{pel}) e a energia cinética (E_c) atuando no sistema massa-mola, as quais correspondem à energia mecânica (E_{mec}) do sistema.

Relembrando, as energias cinética e potencial elástica são expressas pelas equações:

Equação 2.8

$$K = \frac{mv^2}{2}$$

Equação 2.9

$$E_{pel} = \frac{kx^2}{2}$$

Como não há forças dissipativas atuando no movimento do bloco, a energia mecânica do sistema é conservada. Matematicamente, podemos escrever esse fato da seguinte maneira:

Equação 2.10

$$E_{mec} = K + E_{pel} = \text{constante}$$

ou

$$E_{mec} = \frac{mv^2}{2} + \frac{kx^2}{2} = \text{constante}$$

Como já mostramos anteriormente, no sistema massa-mola a amplitude do movimento oscilatório corresponde ao deslocamento máximo/mínimo (x_m). Além disso, quando o bloco estiver nas posições de amplitude (A) máxima e mínima, sua velocidade será igual a zero, o que também possibilita a ocorrência do movimento oscilatório e a inversão de seu sentido. Logo, podemos afirmar que, nas posições de amplitude máxima e mínima, a energia cinética é igual a zero e a energia potencial elástica é máxima.

Desse modo, a equação da energia mecânica pode ser escrita de forma a expressar a **energia mecânica total no MHS**:

Equação 2.11

$$E_{mec} = \frac{mv^2}{2} + \frac{kx^2}{2} = \frac{kA^2}{2} \text{ constante}$$

Vejamos, no gráfico a seguir, a representação da variação das energias cinética e potencial elástica de um sistema executando um MHS.

Gráfico 2.2 – Representação gráfica das energias mecânica, cinética e potencial elástica de um sistema executando um MHS

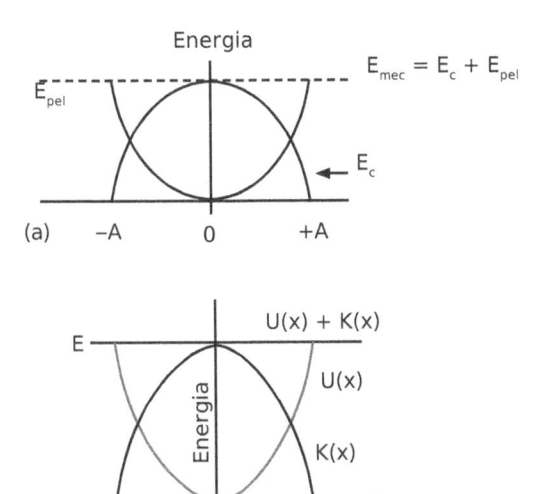

(a) Gráfico com eixos Energia vs. posição, mostrando E_{pel}, E_c e $E_{mec} = E_c + E_{pel}$, com extremos em $-A$, 0 e $+A$.

(b) Gráfico com eixos Energia vs. x, mostrando $U(x)$, $K(x)$ e $U(x) + K(x)$, com extremos em $-x_m$, 0 e $+x_m$.

Nesses gráficos, verificamos que, quando a energia potencial elástica é máxima (nos extremos, em −A e +A), a energia cinética é nula. Da mesma forma, quando a energia cinética é máxima (no ponto 0), a energia potencial elástica é nula, pois a mola está em sua posição de equilíbrio. A linha tracejada representa a energia mecânica do sistema, que é constante durante todo o MHS.

Exercícios resolvidos

1. Um bloco de massa 2 kg conectado a uma mola de constante elástica 2 N/m está em MHS. Sua velocidade máxima no ponto de equilíbrio é de 3 m/s. Determine a amplitude máxima do bloco.

   Resolução
   Esse problema trata da conservação da energia, pois o bloco está em movimento e conectado a uma mola. Temos as energias cinética e potencial elástica atuando no sistema. Logo, devemos aplicar o princípio da conservação da energia.
   Os dados fornecidos no enunciado são:

   - m = 2 kg;
   - k = 2 N/m;
   - v = 3 m/s.

   Aplicando o princípio da conservação da energia, temos:

   $$E_{mec} = \frac{mv^2}{2} + \frac{kA^2}{2}$$

   Na velocidade máxima, o bloco estará na posição de equilíbrio, entretanto, como a energia é conservada, toda a energia cinética será convertida em energia potencial elástica quando o bloco estiver na posição correspondente à amplitude máxima. Para essa situação, podemos escrever, matematicamente, que a energia cinética é igual à energia potencial elástica:

$$\frac{mv^2}{2} = \frac{kA^2}{2}$$

Como foi solicitado para determinarmos a amplitude (A) máxima do bloco, devemos isolar a variável A:

$$A = \sqrt{\frac{mv^2}{k}}$$

Substituindo os valores fornecidos no enunciado, temos:

$$A = \sqrt{\frac{9 \cdot 3^2}{2}}$$

Calculando, vemos que a amplitude máxima do bloco equivale a 3 m.

2.2 Oscilador amortecido

Nos osciladores que já estudamos, foram desprezadas as perdas por atrito, uma vez que consideramos apenas as forças conservativas; logo, a energia mecânica era conservada. Isso significa que os sistemas oscilatórios oscilam eternamente, mantendo todas as características iniciais do movimento – como não há atrito, a amplitude da oscilação não muda.

Nos sistemas reais, como o relógio de pêndulo, há perdas por atrito. Consequentemente, a amplitude do movimento diminui até o sistema parar de oscilar. Isso ocorre porque as forças externas se opõem às oscilações, convertendo pouco a pouco a energia mecânica em energia térmica até que as oscilações cessem. Caso seja fornecida alguma energia ao sistema oscilatório, ele não irá parar.

As forças dissipativas que contribuem para a redução da amplitude de um movimento oscilatório são denominadas *amortecimento*, e o movimento, *oscilação amortecida*.

O caso mais simples que permite estudar o oscilador harmônico simples amortecido são os movimentos oscilatórios de um fluido viscoso. Vejamos a figura a seguir.

Figura 2.3 – Sistema massa-mola submetido a uma oscilação amortecida

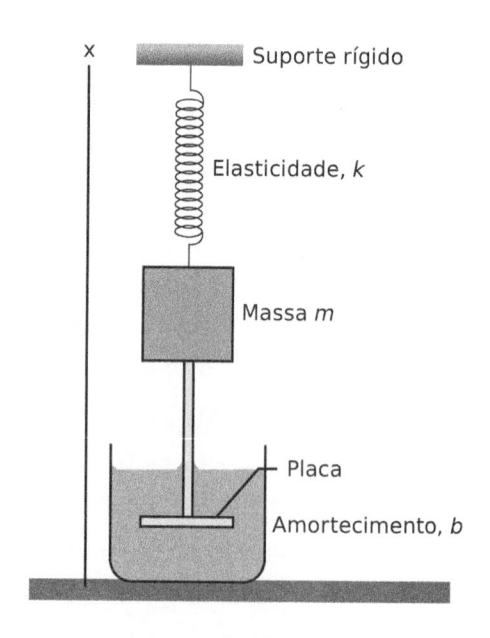

Fonte: Halliday; Resnick; Walker, 2016b, p. 104.

Na figura anterior, temos um sistema em que uma massa *m* está ligada a uma mola de constante elástica *k*. O conjunto oscila verticalmente, fazendo com que a placa, imersa em um fluido viscoso, oscile para cima e para baixo. Nessa situação, devemos considerar que a barra e a placa têm massa desprezível. O fluido viscoso provoca uma resistência ao movimento do sistema por causa da força de arrasto provocada pelo próprio fluido, portanto, há dissipação de energia, ou seja, a energia mecânica proveniente do sistema massa-mola é convertida em energia térmica. Situações similares a essa são os casos de atrito entre superfícies e peças de máquinas lubrificadas com óleo.

Para descrevermos matematicamente esse evento, podemos considerar que o sistema disco-bloco se move devagar e que o fluido viscoso exerce uma **força de amortecimento F_a** proporcional à velocidade. Na Figura 2.3, a componente vertical corresponde ao eixo *x*, logo, temos:

Equação 2.12

$$F_a = -bv$$

Em que:

- *b* é uma **constante de amortecimento** relacionada às propriedades da placa e do fluido. Sua unidade no SI é o quilograma por segundo (kg/s). O sinal negativo na equação indica que a força é contrária ao movimento.

Se aplicarmos a segunda lei de Newton ao sistema da Figura 2.3, veremos que a força resultante deve-se à força da mola e à força de amortecimento:

Equação 2.13

$$-kx - bv_x = ma_x$$

Na equação anterior, também podemos considerar a aceleração, expressa em termos da derivada da posição:

Equação 2.14

$$-kx - b\frac{dx}{dt} = m\frac{dx^2}{dt^2}$$

A solução matemática dessa equação requer o uso das técnicas de diferenciais lineares, que não serão desenvolvidas com detalhes neste livro – em obras sobre equações diferenciais você poderá encontrar facilmente o desenvolvimento detalhado da equação que representa oscilador harmônico simples amortecido. Assim, a solução é dada por:

Equação 2.15

$$x(t) = Ae^{i\omega t}$$

A substituição da Equação 2.15 na Equação 2.14 leva à seguinte solução:

Equação 2.16

$$m(-\omega^2) + bi\omega + k = 0$$

Esta, por sua vez, tem soluções dadas por:

Equação 2.17

$$\omega_\pm = \frac{ib + \sqrt{-b^2 + 4mk}}{2m}$$

Considerando-se as variáveis b^2 e $4m$ da Equação 2.17, há três situações de oscilação, descritas a seguir, as quais também estão representadas graficamente na Figura 2.4.

Situação de oscilação 1 – Oscilador superamortecido, para o qual $b^2 > 4\,mk$

Nessa situação, o sistema não oscila e **retorna lentamente para a posição de equilíbrio**. Podemos observar a curva típica desse oscilador na Figura 2.4 (vibração sobreamortecida) e compará-la com a curva de um sistema em que não há amortecimento (vibração não amortecida).

A solução mais geral para o oscilador superamortecido é expressa por:

Equação 2.18

$$x(t) = Ae^{-\frac{bt}{2m}\left(1+\sqrt{1-\frac{4mk}{b^2}}\right)} + Be^{-\frac{bt}{2m}\left(1-\sqrt{1-\frac{4mk}{b^2}}\right)}$$

Em que:

- A e B são constantes que dependem das condições iniciais do sistema oscilatório e podem ser determinadas por outras variáveis do sistema (b, m e k).

Situação de oscilação 2 – Oscilador criticamente amortecido, para o qual $b^2 = 4\,mk$

Nessa condição, o sistema não oscila mais, uma vez que é retirado da posição de equilíbrio e liberado. Ele apenas **retorna à posição de equilíbrio sem oscilar**. Também podemos ver a curva típica desse oscilador também na Figura 2.4 (amortecimento crítico) e compará-la com a curva de um sistema em que não há amortecimento (vibração não amortecida).

A solução mais geral para o oscilador criticamente amortecido é expressa por:

Equação 2.19

$$x(t) = (A' + B't)e^{-\frac{bt}{2m}}$$

Em que:

- A' e B' são constantes que dependem das condições iniciais do sistema oscilatório e podem ser determinadas por outras variáveis do sistema (b, m e k).

Situação de oscilação 3 – Oscilador subamortecido, para o qual $b^2 < 4mk$

Nesse caso, o sistema **oscila e sua amplitude diminui continuamente**. Ainda na Figura 2.4, podemos perceber a curva típica desse oscilador (vibração subamortecida) e compará-la com a curva de um sistema em que não há amortecimento (vibração não amortecida).

A solução mais geral do oscilador subamortecido é expressa por:

Equação 2.20

$$x(t) = Ce^{-\frac{bt}{2m}} \cos \omega' t + De^{-\frac{bt}{2m}} \operatorname{sen} \omega' t$$

Em que:

- ω' é a frequência angular do oscilador com amortecimento, representado matematicamente por:

Equação 2.21

$$\omega' = \omega_0 \sqrt{1 - \left(\frac{b}{2m\omega_0}\right)^2}$$

Em que:

- k é a constante de força da força restauradora;
- m é a massa;
- b é a constante de amortecimento.

As Equações 2.18, 2.19 e 2.20 possibilitam concluir que, por causa do fator decrescente $e^{-\left(\frac{b}{2m}\right)t}$, a amplitude (A) da oscilação não é constante, pois diminui quando comparada a um sistema sem amortecimento.

A análise da Equação 2.21 indica que a frequência angular ω' é ligeiramente menor no oscilador subamortecido do que no caso do oscilador sem amortecimento, em que a frequência angular só depende das variáveis k (constante da mola) e m (massa).

Gráfico 2.3 – Situações dos sistemas oscilatórios amortecidos

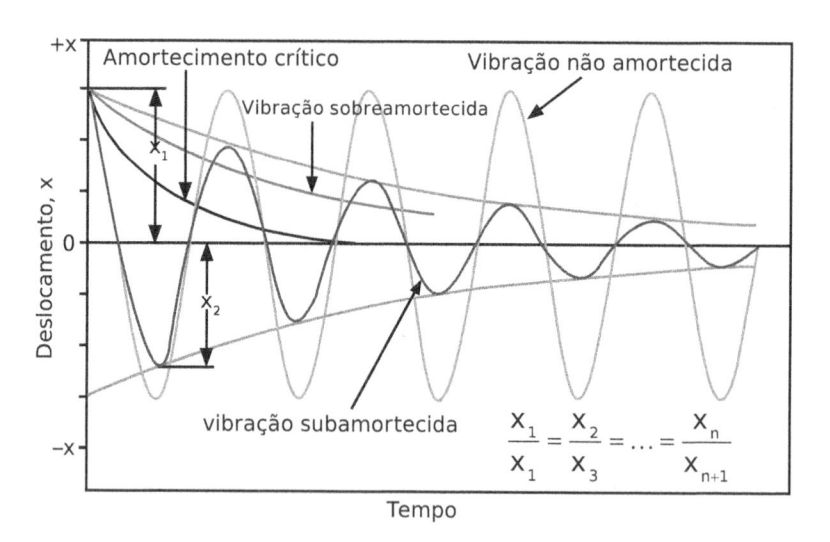

[Gráfico mostrando: Amortecimento crítico, Vibração não amortecida, Vibração sobreamortecida, vibração subamortecida, com eixo Deslocamento, x (+x, 0, -x) versus Tempo. Indica x_1 e x_2 e a relação $\frac{x_1}{x_1} = \frac{x_2}{x_3} = \ldots = \frac{x_n}{x_{n+1}}$]

Fonte: Caetano, 2020.

Exemplos de situações práticas que utilizam osciladores amortecidos são os dispositivos que podem ser colocados em raquetes de tênis, os antivibradores, que diminuem as vibrações transmitidas para o corpo do atleta após o choque da bola.

Curiosidade

Qualquer golpe no tênis tende a gerar uma vibração, vibração essa que, eventualmente, pode até chegar ao cotovelo/ombro do jogador, e pode ser minimizada com o encordoamento, antivibrador, tecnologias das raquetes e musculatura do braço, além do próprio movimento do tenista. Esses "filtros" normalmente reduzem a porcentagem de vibração a um nível que o nosso físico pode tolerar. E a vibração sempre desce, por isso, quanto mais baixo o antivibrador é colocado, melhor [...].
(Tivolli, 2010)

Nos automóveis, em cada uma das rodas estão presentes os amortecedores, que garantem a estabilidade do veículo e o conforto das pessoas. Assim, o ideal, nesse caso, é que haja um sistema criticamente amortecido ou subamortecido para assegurar uma menor transmissão das oscilações aos passageiros. Além disso, os amortecedores automotivos contribuem para manter o contato dos pneus com o solo, pois controlam os movimentos de abertura e de fechamento das molas.

Figura 2.4 – Sistema de amortecimento de um carro

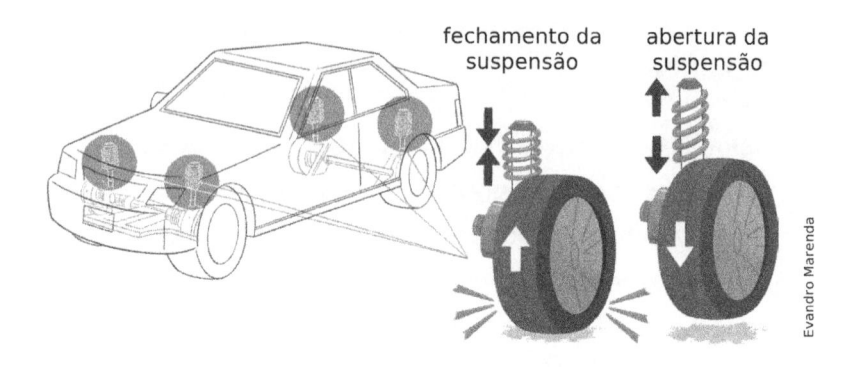

fechamento da suspensão
abertura da suspensão

Fonte: Tarouco, 2015.

Exercícios resolvidos

1. Considere que uma força de amortecimento (dada por $F_a = -bv$), cuja constante b vale 0,7 kg/s, atua em um bloco de 250 g que oscila preso a uma mola de constante elástica 2 N/m. Com base nesses dados, determine:

a) A frequência angular do oscilador com amortecimento.
b) A frequência de oscilação do bloco.
c) O valor da constante de amortecimento b para o qual o movimento do bloco pode ser considerado *criticamente amortecido*.

Resolução

a) A frequência angular do oscilador com amortecimento é dada pela seguinte equação:

$$\omega' = \sqrt{\frac{k}{m} - \frac{b^2}{4m^2}}$$

Pela substituição direta dos valores informados no enunciado (devemos converter o valor de massa de 250 g para quilogramas, ou seja, 0,250 kg), obtemos:

$$\omega' = \sqrt{\frac{k}{m} - \frac{b^2}{4m^2}} = \sqrt{\frac{2}{0,250} - \frac{0,700^2}{4 \cdot 0,250^2}}$$

$$\omega' = 2,46 \text{ rad/s}$$

b) Já a frequência de oscilação do bloco pode ser relacionada com a frequência angular do oscilador com amortecimento, conforme a seguinte equação:

$$\omega' = 2\pi f$$

$$f = \frac{\omega'}{2\pi}$$

$$f = 0,39 \text{ Hz}$$

c) Por fim, o valor da constante de amortecimento b, em que o movimento do bloco pode ser considerado criticamente amortecido, deve satisfazer a relação $b = 2\sqrt{km}$. Assim, temos:

$$b = 2\sqrt{km} = 2\sqrt{2 \cdot 0,250}$$

$$b = 1,42 \text{ kg/s}$$

2.3 Oscilador harmônico forçado

Nas oscilações forçadas, há uma força externa que altera a oscilação natural do movimento. No exemplo de uma criança brincando em um balanço, quando outra pessoa a empurra para que o movimento de vai e vem continue, está aplicando a ela uma força externa, tornando a oscilação forçada. Entretanto, uma oscilação somente é considerada forçada se a força externa for constante no tempo.

A força externa aplicada ao sistema oscilatório é dada por:

Equação 2.22

$$F_{ext} = F_0 \cos(\Omega t)$$

Em que:

- F_{ext} é a força externa aplicada;
- F_0 é a força inicial aplicada;
- Ω é a frequência angular da oscilação externa.

Considerando a força externa aplicada, dada pela Equação 2.22, temos:

Equação 2.23

$$-kx - b\frac{dx}{dt} - m\frac{dx^2}{dt^2} = F_0 \cos(\Omega t)$$

A solução estacionária da equação anterior é dada por:

Equação 2.24

$$x_p(t) = D\cos(\Omega t)$$

Calculando as derivadas primeira e segunda da Equação 2.24 e desenvolvendo a equação diferencial ordinária, obtemos uma solução particular:

Equação 2.25

$$x_p(t) = \frac{F_0}{m(\omega^2 - \Omega^2)} \cos(\Omega t)$$

O sistema oscila com a frequência da força externa, e não há diferença de fase. Matematicamente, o movimento harmônico forçado pode ser representado pela equação a seguir, na qual os dois primeiros termos se devem a um MHS e o terceiro e se deve à força externa aplicada:

Equação 2.26

$$x_p(t) = B_1 \cos(\omega t) + B_2 \text{sen}(\omega t) \frac{F_0}{m(\omega^2 - \Omega^2)} \cos(\Omega t)$$

A análise dessa equação mostra que, quando a frequência angular da força externa se aproxima do valor da frequência angular natural do sistema em oscilação livre, a amplitude de oscilação tende ao infinito. Entretanto, não existe nenhum sistema real que descreva essa situação, pois é preciso considerar que o sistema pode ser danificado e que podem existir outras forças não conservativas atuando nele, como o atrito, que dificultam o movimento de oscilação.

Podemos interpretar essa situação – em que o sistema não pode atingir uma amplitude infinita – pela perspectiva do princípio da superposição das ondas: só pode existir a sobreposição de ondas até o momento em que o sistema permitir, ou seja, o quanto a estrutura do material suportar, por exemplo.

De fato, estamos interessados no resultado qualitativo dessa equação, o qual está de acordo com a explicação teórica anterior e configura o efeito de ressonância.

Exercícios resolvidos

1. Um sistema massa-mola oscila com frequência natural ω e tem um coeficiente de amortecimento b. Uma força externa periódica de frequência ω' é aplicada a ele. Após um longo intervalo de tempo, essas condições fazem com que o sistema massa-mola:
   a) oscile sempre com a frequência natural ω.
   b) oscile sempre com a frequência ω' da força externa.
   c) não oscile, pois as frequências natural e externa se anulam.
   d) oscile com a sobreposição das frequências natural e externa.

e) oscile com uma frequência que corresponde à diferença entre as frequências natural e externa.

Resolução

A alternativa correta é a *b*. Após um longo intervalo de tempo, um sistema que executa uma oscilação forçada passa a oscilar com a frequência ω' da força externa. Podemos chegar a essa conclusão pela análise da equação a seguir, a qual expressa que a frequência angular do oscilador com amortecimento ω' depende apenas da constante de amortecimento *b*, da massa *m* do sistema e da frequência natural do sistema ω_0, conforme vimos na Equação 2.21:

$$\omega' = \omega_0 \sqrt{1 - \left(\frac{b}{2m\omega_0}\right)^2}$$

2.4 Ressonância

O fenômeno da ressonância é aquele capaz de fazer com que um aparelho de celular, rádio ou TV "sintonizem", ou seja, que entre em ressonância com uma faixa ou um valor específico de frequência que permite que ele funcione – o que é atribuído ao circuito RLC (resistor, indutor e capacitor) que compõe os dispositivos eletrônicos.

Os aparelhos de ressonância magnética utilizados para diagnóstico de doenças, assim como os fornos micro-ondas, também têm seus princípios de funcionamento baseados no fenômeno da ressonância.

Quando um movimento harmônico forçado atingir o máximo de sua amplitude, estará em ressonância. A amplitude obtida com a solução particular da Equação 2.25 pode ser escrita de forma equivalente da seguinte maneira:

Equação 2.27

$$x_p(t) = A(\Omega) \cdot \cos(\Omega t)$$

Logo, a amplitude do movimento é:

Equação 2.28

$$A(\Omega) = \frac{F_0}{m(\omega^2 - \Omega^2)}$$

A análise dessa equação revela que a amplitude do movimento depende inversamente do quadrado da frequência de oscilação externa (Ω^2). Retornando ao exemplo da criança em um balanço, se outra pessoa empurrá-la, haverá uma força externa. Quando a frequência dos empurrões for baixa, o que equivale ao fato de a pessoa empurrar devagar, a amplitude do movimento será baixa. O contrário também é válido, ou seja, alta frequência de empurrões implica alta amplitude do movimento.

No entanto, quando a frequência externa for a mesma da frequência natural do sistema, o denominador da Equação 2.28 tenderá a zero, pois $\Omega = \omega$. Consequentemente, a amplitude de oscilação aumentará infinitamente, como podemos verificar na equação a seguir.

Equação 2.29

$$\lim_{\Omega \to \omega} A(\Omega) = \lim_{\Omega \to \omega} \frac{F_0}{m(\omega^2 - \Omega^2)} = +\infty$$

O Gráfico 2.4 representa essa condição de oscilação, que chamamos de *ressonância*.

Gráfico 2.4 – Fenômeno da ressonância com amplitude que tende ao infinito

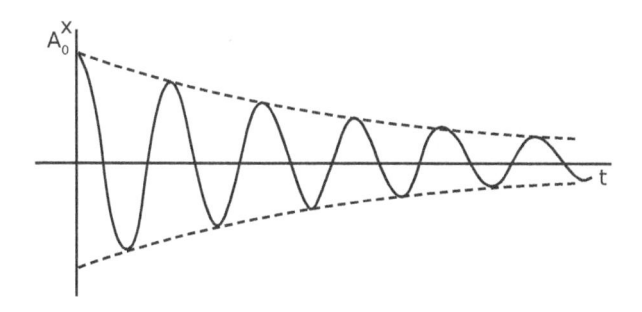

Fonte: Tipler; Mosca, 2009, p. 483.

Quando ocorrer um grande aumento da amplitude do movimento oscilatório em condição de ressonância, o sistema oscilante poderá entrar em colapso. Um exemplo disso é a situação ocorrida com a ponte Tacoma Narrows, que, em 1940, foi atingida por fortes rajadas de vento que provocaram oscilações em sua estrutura, as quais ocasionaram seu rompimento.

Figura 2.5 – Ponte Tacoma Narrows oscilando em ressonância com os ventos

Outras situações nas quais devemos prever e evitar o fenômeno da ressonância são as vibrações em máquinas industriais quando estão em funcionamento. O engenheiro que projeta o aparelho deve levar em conta o peso do equipamento e as vibrações em seu

funcionamento para que não entrem em ressonância com a fundação em que ele está instalado. Assim, evitam-se danos à máquina e a sua estrutura de apoio.

As ondas do mar são outro exemplo de movimento oscilatório. Os comandantes de navios devem ficar atentos para evitar a ressonância do navio com elas. O aumento das amplitudes das oscilações pode prejudicar a estabilidade do navio e levá-lo ao colapso. Nesse caso, é recomendado que o comandante mude a rota e/ou a velocidade de navegação, alterando, assim, a frequência do navio e evitando o fenômeno da ressonância.

2.5 Oscilador acoplado

Os osciladores acoplados podem ter dois ou mais sistemas oscilatórios com algum tipo de interação e geram diferentes fenômenos oscilatórios quando comparados com a oscilação individual de cada sistema.

Nos próximos tópicos, veremos os sistemas acoplados em série e em paralelo.

2.5.1 Associação de molas em série

Os dois blocos da Figura 2.6 representam molas associadas em série. Os blocos estão sobre uma superfície sem atrito e podem se movimentar, ou seja, oscilar no eixo x, por causa da conexão dos blocos pelas molas e da fixação das molas nas paredes rígidas.

O movimento dos blocos provoca um deslocamento x1 e x2. Cada mola tem uma constante elástica própria (k_1, k_2, k_3). Em razão da presença da mola de constante elástica k_2, os blocos estão conectados, ou seja, acoplados. Assim, o movimento do bloco de massa m_1 passa a depender do movimento do bloco de massa m_2 e *vice-versa*.

Figura 2.6 – Molas em série

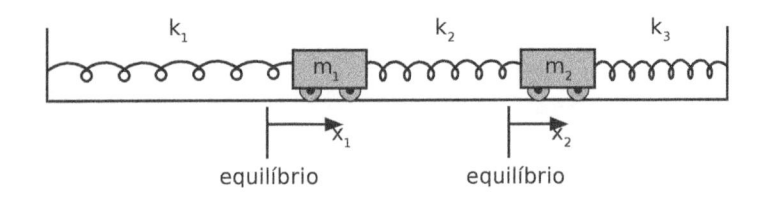

Fonte: Taylor, 2013, p. 418.

A deformação x_1 da mola de constante elástica k_1 deve-se ao movimento do bloco 1; logo, há uma força $k_1 x_1$ orientada para a esquerda que age no bloco 1.
Já a mola de constante elástica k_2 sofre um deslocamento por causa dos dois blocos – observe que essa mola está deformada em razão da diferença $(x_2 - x_1)$ e, assim, exerce uma força $k_2(x_2 - x_1)$.

Aplicando a segunda lei de Newton e considerando a lei de Hooke, a força resultante que atua no bloco 1 é dada pela Equação 2.30. Quando realizamos a mesma análise para o bloco 2, obtemos a Equação 2.31 (Taylor, 2013).

Equação 2.30

$$m_1 \ddot{x}_1 = -k_1 x_1 + k_2(x_2 - x_1)$$

Equação 2.31

$$m_2 \ddot{x}_2 = -k_1 x_1 + k_2(x_2 - x_1)$$

2.5.2 Associação de molas em paralelo

Uma situação para molas associadas em paralelo está representada na Figura 2.7.

Figura 2.7 – Molas em paralelo

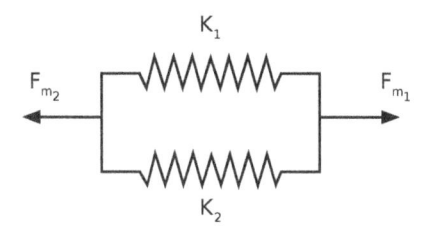

A força que atua nas molas se divide nos dois ramos. Logo, a força média resultante nas molas (F_m) é dada por:

Equação 2.32

$$F_1 = F_{m_1} + F_{m_2}$$

A força de cada uma das molas é calculada pelas seguintes equações:

Equação 2.33

$$F_{m_1} = k_1(x_2 - x_1)$$

Equação 2.34

$$F_{m_2} = k_2(x_2 - x_1)$$

Se substituirmos as duas molas por apenas uma, ou seja, uma mola equivalente ao conjunto original, teremos:

Equação 2.35

$$F_m = k_{eq}(x_2 - x_1)$$

Assim, considerando as Equações 2.32, 2.33, 2.34 e 2.35, a constante elástica equivalente k_{eq} é:

Equação 2.36

$$k_{eq} = k_1 = +k_2$$

De forma genérica, para um conjunto com *n* molas associadas em paralelo, teremos:

Equação 2.37

$$k_{eq} = \sum_{i=1}^{n} k_i$$

Para saber mais

Sites

O CURIOSO caso da ponte Tacoma Narrows! **PET Engenharia Civil UFPR**. 2017. Disponível em: <http://petcivil.blogspot.com/2017/10/ocurioso-caso-da-ponte-tacoma-narrows.html>. Acesso em: 30 out. 2020.

Esse *link* traz informações sobre o fenômeno que acometeu a ponte pênsil Tacoma Narrows, nos Estados Unidos, em 7 de novembro de 1940, quando ventos de aproximadamente 70 km/h atingiram a estrutura e fizeram-na oscilar e quebrar. A página traz um vídeo com imagens da ponte oscilando.

PHET Interactive Simulations. **University of Colorado**. Disponível em: <https://phet.colorado.edu/pt_BR/simulations/filter?subjects=physics&sort=alpha&view=grid>. Acesso em: 29 out. 2020.

Novamente, sugerimos as simulações do *site* Phet Interative Simulations, especialmente os seguintes exemplos:

- *Lei de Hooke* e *Massas e molas* – Ajuda a entender o movimento periódico, a lei de Hooke e a conservação da energia no movimento oscilatório.
- *Onda em corda* – Discute a formação de ondas, a amplitude e a frequência.

- *Modos normais* – Traz informações sobre o funcionamento de um oscilador.
- *Laboratório do pêndulo* – Examina o movimento periódico, o movimento harmônico simples e a conservação da energia no movimento oscilatório.

Síntese

Neste segundo capítulo, examinamos os principais conceitos e equações relacionados às oscilações.

Dessa forma, abordamos o movimento harmônico simples (MHS) para nos auxiliar na compreensão das equações desse movimento e de sua conservação de energia. Além disso, vimos os principais tipos de oscilações forçadas e o fenômeno da ressonância, contextualizados em situações do cotidiano.

Atividades de autoavaliação

1) Um pêndulo simples construído com um fio de comprimento de 2 m é colocado para oscilar em torno de uma posição de equilíbrio. Nesse caso, o período e a frequência do pêndulo são, respectivamente:
   a) 3,42 s e 0,50 Hz.
   b) 7,01 s e 0,75 Hz.
   c) 2,21 s e 0,35 Hz.
   d) 2,82 s e 0,350 Hz.
   e) 2,84 s e 0,35 Hz.

2) Um oscilador harmônico simples executa um movimento periódico descrito pela equação da posição em função do tempo, em unidades do SI, dada por:

$$x(t) = 3\cos(5t + \varphi)$$

Com base nessas informações, determine:

I) A amplitude do movimento.
II) A frequência angular do movimento.
III) A equação da velocidade em função do tempo.
IV) A equação da aceleração em função do tempo.

Assinale a alternativa que contém as respostas dos itens anteriores:

a) 5 m; 3 rad/s; $v(t) = -15 \text{ sen}(5t + \varphi)$;
   $a(t) = -125 \cos(5t + \varphi)$.
b) 3 m; 5 rad/s; $v(t) = 15 \text{ sen}(5t + \varphi)$;
   $a(t) = -125 \cos(5t + \varphi)$.
c) 3 m; 5 rad/s; $v(t) = -15 \text{ sen}(5t + \varphi)$;
   $a(t) = -125 \cos(5t + \varphi)$.
d) 3 m; 5 rad/s; $v(t) = -15 \text{ sen}(5t + \varphi)$;
   $a(t) = 125 \cos(5t + \varphi)$.
e) 5 m; 3 rad/s; $v(t) = 15 \text{ sen}(5t + \varphi)$;
   $a(t) = -125 \cos(5t + \varphi)$.

3) A posição em função do tempo de um oscilador harmônico simples é dada pela equação $x(t) = 10 \cos(2t + \varphi)$. Se o ângulo de fase é zero, no instante t = 0 a posição do oscilador será:

a) 30 m.
b) 2 m.
c) 20 m.
d) 10 m.
e) 0 m.

4) Em um sistema massa-mola, a energia cinética e a energia potencial elástica serão máximas quando o bloco do sistema se encontrar:
   a) na posição de equilíbrio do movimento e na posição correspondente às amplitudes máxima e mínima, respectivamente.
   b) com apenas a energia mecânica do sistema na máxima.
   c) na posição correspondente às amplitudes máxima e mínima e na posição de equilíbrio do movimento, respectivamente.
   d) na posição correspondente às amplitudes máxima e mínima para ambas as energias.
   e) na posição de equilíbrio para ambas as energias.

5) A principal característica de um oscilador amortecido crítico é:
   a) Oscilar lentamente em torno da posição de equilíbrio até uma força externa interromper o movimento.
   b) Cessar as oscilações e retornar à posição de equilíbrio, permanecendo nessa posição.

c) Oscilar com uma frequência constante, o que faz com que a amplitude das oscilações diminua e o movimento se encerre.

d) Oscilar com uma amplitude sempre constante até a frequência das oscilações reduzirem-se à metade em razão da constante de amortecimento b.

e) Não oscilar após determinado período e não retornar à posição de equilíbrio.

Atividades de aprendizagem

Questões para reflexão

1) Pesquise sobre a operação do forno micro-ondas e dos aparelhos de ressonância magnética usados na medicina. Relacione e descreva o funcionamento desses aparelhos com base no fenômeno da ressonância.

2) Neste capítulo, vimos a situação ocorrida com a ponte Tacoma Narrows, que, em 1940, foi rompida por causa de fortes rajadas de vento. Pesquise e discuta, com base nas equações e nos conceitos deste capítulo, a importância do sistema de pêndulo que deve ser previsto nas construções de prédios altos, a fim de minimizar o balanço causado na estrutura pela ação de ventos.

Atividade aplicada: prática

1) Construa um experimento para o estudo das oscilações conforme a imagem a seguir. Amarre um pequeno objeto a um fio – por exemplo, um pequeno peso de pesca. Suspenda o conjunto para ter um pêndulo simples. Você também precisará de uma trena e de um transferidor.

Figura A – Pêndulo simples

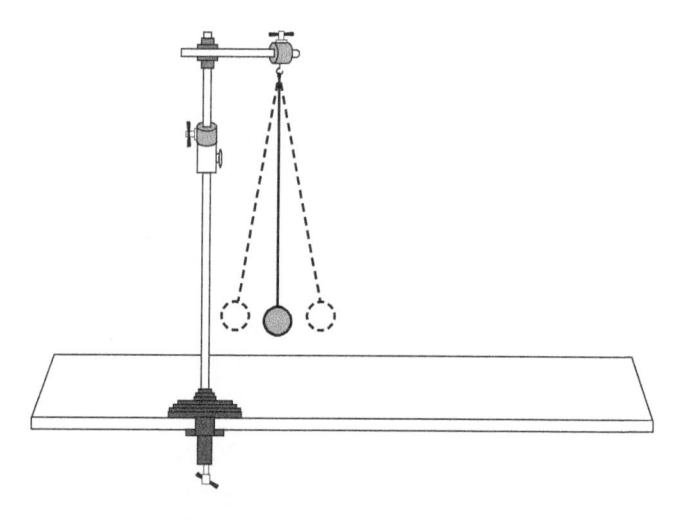

Fonte: Elmas; Shimene, 2010, p. 2.

O procedimento experimental consiste em fazer com que o pêndulo oscile livremente. Lembre-se de verificar com o transferidor se a amplitude com a qual você está colocando seu pêndulo para oscilar é pequena, de até 10°, a fim de garantir a validade das equações do MHS.

Inicialmente, utilize um comprimento inicial do fio do pêndulo de aproximadamente 1 m. Meça o tempo de

10 oscilações, anote o valor obtido na tabela fornecida mais adiante.

Para obter o período (T) da oscilação, basta dividir o tempo obtido para 10 oscilações por 10. Utilizando a equação a seguir, determine o período de oscilação do pêndulo.

$$T = 2\pi\sqrt{\frac{L}{g}}$$

Em seguida, diminua o comprimento do fio para aproximadamente 10 cm. Meça o período de oscilação para esse novo comprimento. Repita esse procedimento algumas vezes – por exemplo, seguindo a sequência mostrada na tabela.

Tabela A – Registro do experimento do pêndulo simples

L(m)	Tempo de 10 oscilações	T(s)	g (m/^{2})
1,00			
0,90			
0,80			
0,70			
0,60			
0,50			
0,40			
0,30			

Utilizando os valores de período (T) obtidos, determine a aceleração da gravidade usando a seguinte equação:

$$T = 2\pi\sqrt{\frac{L}{g}}$$

Ao finalizar esse experimento, você possivelmente concluirá que o período (T) de oscilação é menor quanto mais curto for o comprimento (L) do pêndulo. Na análise dos dados experimentais obtidos, você deverá chegar a valores próximos a 9,8 m/s² para a aceleração da gravidade.

Referenciais não inerciais

3

Neste capítulo, abordaremos os sistemas de referenciais não inerciais, a fim de avaliar o movimento dos corpos em ambos os referenciais, o inercial e o não inercial. Dessa forma, é possível compreender a utilização das equações de posição, de velocidade e de aceleração nesses referenciais.

Além disso, retomaremos a análise da segunda lei de Newton aplicada a esses referenciais, pois ela permite a observação da dinâmica dos movimentos dos corpos em qualquer referencial adotado. Assim, aqui serão tratados os sistemas em movimento relativo de translação e de rotação – e também devem ser considerados em conjunto com o referencial adotado (inercial ou não inercial) a fim de avaliar de forma correta o movimento de um objeto.

Para aprofundar o estudo sobre os referenciais inerciais e não inerciais, trataremos da força de Coriolis e dos princípios físicos do pêndulo de Foucault.
A primeira engloba os assuntos de ambos os referenciais, a força inercial e o movimento de rotação – portanto, abrange todos os pontos que serão desenvolvidos nestes capítulo. Já o pêndulo de Foucault é um experimento que possibilita demostrar a rotação da Terra em torno de seu próprio eixo, utilizando os conceitos físicos acerca dos referenciais inerciais e não inerciais.

3.1 Primeira lei de Newton e sistemas de referenciais inerciais

Conforme abordamos no Capítulo 1, um **referencial inercial** é aquele em que, para corpos livres, a primeira Lei de Newton é válida, ou seja, a resultante das forças que atuam no objeto é nula, fazendo que com o objeto permaneça em repouso ou em movimento retilíneo uniforme (MRU).

Por exemplo, se selecionarmos como referencial inercial uma árvore em um parque e permanecermos em repouso em relação a ela após decorrido certo tempo, a árvore poderá ser definida como um *referencial inercial*.

3.2 Sistema em movimento relativo de translação

Se um corpo realizar um deslocamento de um ponto a outro sem fazer o movimento de rotação, teremos um objeto que sempre se deslocará paralelamente em uma direção e a ele mesmo – como quando descemos ou subimos uma escada, por exemplo. Entretanto, para analisarmos um sistema em movimento relativo de translação, inicialmente devemos estabelecer o referencial, que pode ser inercial ou não inercial.

São esses assuntos que abordaremos nos tópicos seguintes, bem como as consequências dos referenciais nas equações de movimento.

3.2.1 Referencial inercial e não inercial

Um **referencial não inercial** é aquele em que as leis de Newton não são satisfeitas. Para o estabelecermos, inicialmente devemos determinar um referencial inercial e a ele vincular outro referencial, que será denominado *não inercial* e descreverá um movimento acelerado em relação ao primeiro. Então, poderemos analisar as mudanças de posição de uma partícula nesse novo referencial não inercial.

Assim, poderemos aplicar as leis de Newton sob o ponto de vista de um observador que está no referencial inercial para analisar o movimento da partícula no referencial não inercial. Um exemplo de observador não inercial é uma pessoa na superfície da Terra, uma vez que o planeta está em constantes movimentos de rotação e de translação.

Primeiramente, definimos o referencial para um observador em um sistema de inercial, tal como vimos anteriormente, no Capítulo 1:

Equação 3.1

$$\mathbf{r} = x_i + y_j + z_k$$

Depois, devemos denominar S_i o sistema de referencial inercial. Assim, a posição da partícula em relação ao tempo em análise está vinculada ao sistema de coordenadas (x, y, z). A posição da partícula em um referencial inercial é representada por $r_i(t)$, a qual está vinculada a um ponto referencial O_i.

Dessa forma, aplicamos as leis de Newton nesse referencial adotado a fim de analisar o movimento de uma partícula sob o ponto de vista de outro observador em um referencial não inercial S, com uma origem O e a posição de uma partícula dada por r. A representação dos referenciais inercial e não inercial para o ponto P está demonstrada na Figura 3.1, na qual utilizamos apenas duas coordenadas (x, y) para facilitar a visualização do vetor R que une as origens de ambos os referenciais (Villar, 2014-2015).

Figura 3.1 – Sistemas de referencial inercial e não inercial para observação do ponto P

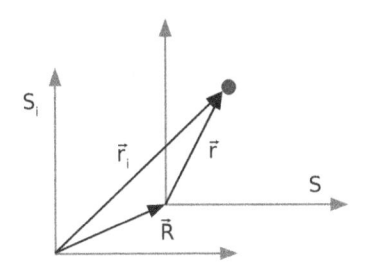

Fonte: Villar, 2014-2015, p. 83.

As considerações anteriores garantem que ambos os observadores medirão o espaço e o tempo de forma absoluta, portanto, são válidas as leis de Newton. Isso quer dizer que a velocidade dos corpos deve ser muito menor que a velocidade da luz ou que não há a necessidade de ajustes baseados na relatividade espacial (conforme veremos no Capítulo 6).

3.2.2 Dinâmica de uma partícula em um referencial não inercial relacionado com um referencial inercial

Agora, veremos as equações para posição, velocidade e aceleração e a expressão da segunda lei de Newton para um sistema de referencial não inercial relacionado com um referencial inercial.

Considerando a Figura 3.1, se os dois sistemas de referência (S_i e S), ao se deslocarem, mantiverem-se paralelos entre si, e observarmos que apenas as origens (O_i e O – ponto de intersecção dos eixos x e y) dos dois sistemas se deslocam relativamente, os vetores *posição* dos dois referenciais podem ser relacionados pela equação a seguir, válida para todo o intervalo de tempo, desde as pequenas variações vetoriais que possam ser por ele expressas (Villar, 2014-2015):

Equação 3.2

$$r_i(t) = R(t) + r(t)$$

A derivada primeira da Equação 3.2 fornece a equação da velocidade observada nos dois referenciais, ao passo que a derivada segunda permite determinar a equação da aceleração para o movimento que ocorre nos dois referenciais adotados:

Equação 3.3

$$v_i(t) = V(t) + v(t)$$

Equação 3.4

$$a_i(t) = A(t) + a(t)$$

Em que:

- v_i é a velocidade do corpo observado no referencial inercial;
- V é a velocidade com que a origem do referencial não inercial se desloca em relação à origem do referencial inercial;
- v é a velocidade do corpo medida no referencial não referencial;
- a_i é a aceleração do corpo observada no referencial inercial;
- A é a aceleração da origem do referencial não inercial em relação à origem do referencial inercial;
- a é a aceleração do corpo medida no referencial não inercial.

Conforme mostramos no Capítulo 1, de acordo com a segunda lei de Newton, a aceleração experimentada por um corpo está relacionada diretamente com a aceleração que este adquire após a ação de uma ou mais forças. Portanto, na Equação 3.4, devemos considerar que as forças de interação física que atuam em ambos os referenciais contribuem para a aceleração do corpo.

Logo, a segunda lei de Newton deve ser utilizada para a análise do referencial inercial. Quanto ao referencial não inercial, vamos representá-la como:

Equação 3.5

$$F_i = ma_i$$

Para associarmos a segunda lei de Newton em um referencial inercial com o referencial não inercial, utilizamos a Equação 3.4 com todos os termos multiplicados pela massa *m*. Assim, temos:

Equação 3.6

$$ma_i(t) = mA(t) + ma(t)$$

Considerando a Equação 3.5 e reordenando a Equação 3.6, obtemos:

Equação 3.7

$$ma(t) = F_i(t) - mA(t)$$

Essa equação mostra que a aceleração do objeto em análise no referencial não inercial está relacionada com a força aplicada ao objeto no referencial inercial e com a aceleração com que a origem do referencial não inercial se acelera em relação à do referencial inercial. A formulação da equação anterior é chamada de **transformação de Galileu**, a qual abordaremos no Capítulo 6.

Para os casos em que podemos aplicar a equação anterior, devemos considerar que o sistema tem uma aceleração **A**; isso implica um referencial não inercial. Por consequência, o observador deve adicionar um termo "fictício" de força na análise do movimento para que suas conclusões sejam válidas também no referencial inercial. Matematicamente, a força fictícia é dada por:

Equação 3.8

$$\mathbf{F}_{fict} = m\mathbf{A}$$

Como já definimos anteriormente, o termo não inercial depende da massa inercial da partícula, o que é uma característica de todas as forças fictícias, as quais também são denominadas *forças inerciais*, por serem causadas por efeitos intrínsecos de um movimento acelerado em um referencial não inercial. Um exemplo de força fictícia é a força de atração gravitacional.

A equação efetiva da força para o movimento no referencial não inercial S, a seguir, deve levar em consideração o termo de forças fictícias; consequentemente, depende de como a aceleração atua no referencial não inercial. Ela é matematicamente dada por:

Equação 3.9

$$\mathbf{F} = \mathbf{F}_i + \mathbf{F}_{fict}$$

Exercícios resolvidos

1. Imagine que você é passageiro de um ônibus em um movimento acelerado. No teto do veículo foi fixado um pêndulo de massa m. O fio que sustenta o pêndulo tem massa desprezível. Determine a trajetória que o pêndulo faz com o teto, observada em duas situações: no interior do ônibus, por você, e no exterior do ônibus, por um observador em um referencial inercial.

Resolução

Quando o motorista acelera constantemente o ônibus, você vê o fio do pêndulo se estabilizar, fazendo certo ângulo com o teto (diferente de 90°), como mostra o item *a* da figura seguinte.

Para a outra pessoa no referencial inercial, o fio se inclina, uma vez que, sobre a massa m, atua a aceleração **A** do ônibus. Perceba que, pelo fato de o pêndulo estar fixo no teto, ambos (pêndulo e ônibus) devem ter a mesma aceleração. Isso faz com que a força de tração do fio fique em equilíbrio com a força *peso* da massa do pêndulo, conforme indicado no item *b* da figura a seguir.

Figura A – Movimento de um pêndulo fixo no teto de um ônibus em movimento acelerado

(a) Referencial inercial   (b) Referencial não inercial

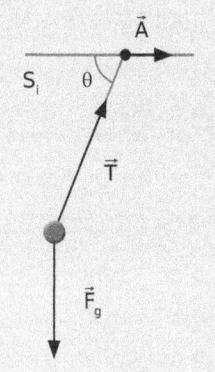

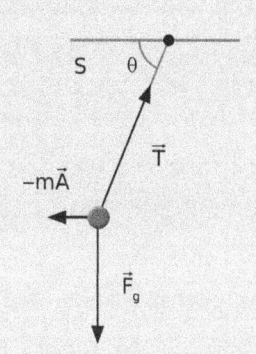

Fonte: Villar, 2014-2015, p. 86.

Para saber mais

Artigo

SILVA, C. B. C. da et al. Forças no sistema de referência acelerado de um pêndulo: estudo teórico e resultados experimentais. **Revista Brasileira de Ensino de Física**, São Paulo, v. 42, 2020. Disponível em: <https://www.scielo.br/pdf/rbef/v42/1806-9126-RBEF-42-e20190085.pdf>. Acesso em: 17 nov. 2020.

Nesse artigo, os autores realizam uma análise teórica das forças atuantes no sistema de referência acelerado de um pêndulo que oscila livre de resistência. Baseados em análises teóricas, eles verificaram que, se um acelerômetro for fixado no centro de oscilação de um pêndulo, deverá registrar um valor variável sobre o eixo orientado radialmente e um valor nulo no eixo alinhado tangencialmente ao movimento do objeto. Com o intuito de exemplificar os resultados das análises teóricas, foram levantadas duas situações:

1. O que acontecerá com a bolha de ar de um nível de pedreiro se posicionarmos o nível na direção tangencial enquanto nos embalamos em um balanço de uma praça?
2. Se colocarmos para oscilar em um balanço uma pequena esfera, ela irá ficar em repouso em relação ao balanço?

Essas questões trazem respostas contraintuitivas, pois tanto a bolha no nível de pedreiro quanto a esfera permanecem em repouso em relação ao balanço se posicionadas em seu centro de oscilação. Para se aprofundar e esclarecer essas situações, foi construído um aparato experimental constituído por um pêndulo físico, que consiste em uma placa microcontrolada Arduino, um sensor acelerômetro e um módulo *bluetooth*.

3.3 Sistemas de coordenadas em rotação

No movimento de rotação, os objetos rodam, ou seja, rotacionam em torno de um eixo, como acontece quando giramos a chave em uma fechadura para abrir ou fechar uma porta e quando abrimos ou fechamos uma garrafa que tem tampa com rosca. De forma equivalente ao movimento de translação, o estudo do sistema e das coordenadas em rotação requer que o referencial seja inicialmente estabelecido, que pode ser inercial ou não inercial.

Nesta seção, aplicaremos os referenciais nas equações de movimento e veremos objetos que descrevam o movimento de rotação. Nesse sentido, analisaremos dois casos específicos: a força de Coriolis e o pêndulo de Foucault.

3.3.1 Referencial inercial e não inercial

A rotação de um sistema provoca uma mudança em seus eixos, logo, ocorre uma variação temporal fictícia dos vetores *posição* para um observador no referencial não inercial.

Exemplificando

Um observador mede o vetor posição r(t) de um corpo no instante *t*, registrando as informações das componentes espaciais dessa medida. No instante posterior, o vetor **r'**(t), por ter a mesma decomposição no referencial S, não tem correspondência com o vetor **r**(t), como observado no referencial inercial S_i. Entretanto, com um vetor constante no referencial inercial, o vetor *posição* varia no referencial não inercial por conta do tratamento descrito anteriormente (Villar, 2014-2015).

Figura B – Posição de uma partícula nos referenciais inercial e não inercial rotacionando com velocidade angular constante

(a) (b)

Fonte: Villar, 2014-2015, p. 90.

Notas:

a) Dois vetores coincidentes mudam de direções.
b) Passado certo intervalo de tempo quanto à situação (a), os vetores variam no tempo em (a) e em (b).

Estabelecidos os referenciais, podemos escrever a equação da posição para um corpo em rotação em um referencial inercial:

Equação 3.10

$$\mathbf{r}_i(t) = x_i(t)\hat{x} + y_i(t)\hat{j} + z_i(t)\hat{z}$$

No referencial não inercial, o vetor posição é expresso por:

Equação 3.11

$$\mathbf{r'}(t) = x(t)\hat{i}(t) + y(t)\hat{j}(t) + z(t)\hat{k}(t)$$

Os vetores $\mathbf{r}_i$ e $\mathbf{r'}$, descritos pelas equações 3.10 e 3.11, são iguais no referencial inercial, tal como observado na situação (a) da Figura B, ou seja, ambos são idênticos em módulo, direção e sentido. Já no referencial não inercial, o vetor $\mathbf{r'}$ está rotacionado em relação ao vetor $\mathbf{r}_i$, tal rotação está representada na situação (b) pelo vetor Ω, assim, no referencial não inercial, os vetores $\mathbf{r}_i$ e $\mathbf{r'}$ são idênticos em módulo. No entanto, a direção e o sentido do vetor $\mathbf{r'}$ estão rotacionados em relação ao vetor $\mathbf{r}_i$. Tal rotação está evidenciada na Figura B pelo vetor $\Delta \mathbf{r}$ que une os vetores $\mathbf{r}_i$ e $\mathbf{r'}$. É possível fazer essa constatação quando verificamos que, em um dos sistemas de referência, os versores coincidem em algum tempo inicial t_0 nas seguintes situações:

Equação 3.12

$$\hat{i}(t_0) = \hat{x}, \ \hat{j}(t_0) = \hat{y} \ \text{e} \ \hat{k}(t_0) = \hat{z}$$

Porém, após decorrer um intervalo de tempo ($\Delta t = t - t_0$), o vetor *posição* ($\mathbf{r'}$), decomposto no referencial não inercial (Equação 3.12) na forma equivalente da Equação 3.11, é dado por:

Equação 3.13

$$\mathbf{r'}(t) = x(t_0)\hat{x} + y(t_0)\hat{y} + z(t_0)\hat{z}$$

Isso ocorre em razão da variação temporal dos versores rotacionados em um ângulo $\Omega(t)$; portanto, o vetor dado pela equação anterior não corresponde ao vetor no referencial $r_i(t)$. Consequentemente, o observador pode se equivocar na quantia correspondente à diferença das posições de ambos os referenciais ($\Delta\mathbf{r} = \mathbf{r} - \mathbf{r}'$) sempre que calcularmos variações temporais em seu referencial, já que, para o observador, os versores estão fixos. Entretanto, eles variam em relação ao referencial inercial S_i, no qual valem as leis de Newton (Villar, 2014-2015).

3.3.2 Dinâmica de uma partícula em um referencial não inercial relacionado com um referencial inercial

A velocidade de uma partícula em um referencial inercial pode ser determinada pela derivada primeira da Equação 3.10, a qual fornece a seguinte equação:

Equação 3.14

$$\frac{d}{dt}\mathbf{r}_i(t) = \dot{x}_i(t)\hat{x} + \dot{y}_i(t)\hat{y} + \dot{z}_i(t)\hat{z}$$

Para obtermos a velocidade da partícula no referencial não inercial, devemos derivar a Equação 3.11 (Villar, 2014-2015). Assim, temos:

Equação 3.15

$$\frac{d}{dt}\mathbf{r'}(t) = (\dot{x}\hat{i} + \dot{y}\hat{j} + \dot{z}\hat{k}) + \left(x\frac{d}{dt}\hat{i} + y\frac{d}{dt}\hat{j} + z\frac{d}{dt}\hat{k}\right)$$

As duas equações anteriores mostram que:

Equação 3.16

$$\dot{\mathbf{r}}(t) = \dot{\mathbf{r}}_i(t) = \mathbf{v}_i(t)$$

O observador em S está em uma condição na qual seus versores de referência são fixos e utiliza apenas as projeções x(t), y(t) e z(t) para analisar os vetores. Assim, esse observador somente consegue constatar o movimento da partícula descrito pela primeira parte do lado direto da Equação 3.15, o qual fornece a velocidade observada no referencial não inercial:

Equação 3.17

$$\mathbf{v} = \dot{x}\hat{i} + \dot{y}\hat{j} + \dot{z}\hat{k}$$

O segundo termo da Equação 3.15 proporciona as informações das forças fictícias, corrigindo as diferenças no movimento observado no referencial não inercial em relação ao referencial inercial. Para tanto, precisamos saber como se movem os versores no referencial S conforme vistos no referencial S_i (Villar, 2014-2015).

A transformação que estamos abordando é uma rotação pura, descrita pelo vetor *velocidade angular* Ω, que fornece o eixo de rotação e seu respectivo ângulo

$d\theta_{rot} = dt$. Uma vez que o referencial é rotacionado, os versores precessionarão em torno de Ω de acordo com as seguintes relações:

Equação 3.18

$$\frac{d}{dt}\hat{i} = \vec{\Omega}\cdot\hat{i},\; \frac{d}{dt}\hat{j} = \vec{\Omega}\cdot\hat{j},\; \frac{d}{dt}\hat{k} = \vec{\Omega}\cdot\hat{k}$$

As igualdades anteriores são válidas, pois os módulos dos versores permanecem constantes durante a transformação (cada vetor variação aponta ortogonalmente seu versor correspondente), como também o vetor *variação* deve ser ortogonal a Ω. Logo, as projeções dos versores, paralelas a Ω, mantêm-se fixas e as componentes ortogonais giram (Villar, 2014-2015).

As relações dadas anteriormente associadas às Equações 3.11 e 3.15 fornecem a transformação de velocidades entre os referenciais inercial e não inercial:

Equação 3.19

$$\mathbf{v}_i(t) = \mathbf{v}(t) + \Omega\cdot(t)$$

Para determinarmos a equação da aceleração fictícia, basta derivar a equação 3.15:

Equação 3.20

$$a = \frac{d^2}{dt^2}\mathbf{r}(t) = (\ddot{x}\hat{i} + \ddot{y}\hat{j} + \ddot{z}\hat{k}) + 2(\dot{x}\hat{i} + \dot{y}\hat{j} + \dot{z}\hat{k}) + (x\hat{i} + y\hat{j} + z\hat{k})$$

Nessa equação, o primeiro de termo entre parênteses do lado direito corresponde à variação das componentes nas quais a posição é medida, portanto, também corresponde à aceleração da partícula no referencial não inercial. Os demais termos do lado direito representam as contribuições fictícias da aceleração, e, quando consideramos as condições expressas na Equação 3.18, temos expressões mais evidentes (Villar, 2014-2015).
O primeiro termo nos leva a:

Equação 3.21

$$\ddot{\hat{i}} = \frac{d}{dt}\dot{\hat{i}} = \frac{d}{dt}(\vec{\Omega} \cdot \hat{i})$$

Para Ω constante na equação anterior, temos:

Equação 3.22

$$\ddot{\hat{i}} = \vec{\Omega} \cdot \dot{\hat{i}} = \vec{\Omega} \cdot (\vec{\Omega} \cdot \hat{i})$$

Dessa igualdade, obtemos:

Equação 3.23

$$x\ddot{\hat{i}} + y\ddot{\hat{j}} + z\ddot{\hat{k}} = \vec{\Omega} \cdot (\vec{\Omega} \cdot \vec{r})$$

A interpretação da Equação 3.23 sugere que a velocidade angular de rotação no referencial não inercial é constante, pois temos como referencial não inercial a superfície da Terra. Caso isso não seja possível, devemos incluir termos adicionais de forças fictícias (Villar, 2014-2015).

Quando aplicamos a segunda lei de Newton utilizando a Equação 3.20, obtemos a equação que descreve o movimento em um referencial não inercial:

Equação 3.24

$$m\vec{a} = \vec{F}_i + \vec{F}_{centr} + \vec{F}_{Coriolis}$$

Em que:

- $\vec{F}_i$ corresponde às forças que atuam no referencial inercial considerado;
- $\vec{F}_{centr}$ e $\vec{F}_{Coriolis}$ são os termos correspondentes às forças fictícias (força centrífuga e força de Coriolis), expressas pelas seguintes equações:

Equação 3.25

$$\vec{F}_{centr} = m(\vec{\Omega} \cdot \vec{r}) \cdot \vec{\Omega}$$

Equação 3.26

$$\vec{F}_{Coriolis} = 2m\vec{v} \cdot \vec{\Omega}$$

A força centrífuga é responsável por lançar corpos fixos que estão no referencial não inercial para longe da origem, na direção radial (Villar, 2014-2015). A força de Coriolis será estudada com detalhes na próxima seção.

3.4 Força de Coriolis

O movimento dos oceanos e das massas de ar nos continentes é afetado pela **força de Coriolis**, a qual atua em deslocamentos de longa distância que ocorrem na superfície da Terra. Ela é uma força inercial, ou seja, uma força fictícia.

A atuação da força de Coriolis gera deslocamentos ortogonais em relação à velocidade. Somente a componente ortogonal da velocidade angular contribui para que a força de Coriolis esteja presente. Assim, na Equação 3.26, o movimento ocorre ortogonalmente a Ω (Villar, 2014-2015).

O valor da magnitude da força de Coriolis é dependente tanto de v quanto de Ω, assim como das orientações desses vetores (v, Ω). Em muitos casos em que o referencial de rotação é a Terra, a aceleração produzida pela força de Coriolis é muito pequena quando comparada com o valor da aceleração da gravidade.

Exemplificando

Em uma bola de beisebol com velocidade de deslocamento de 50 m/s em relação à Terra, a aceleração máxima em função da força de Coriolis equivale a 0,007 m/s², considerando-se que na Equação 3.24 somente atue a força de Coriolis (Equação 3.26) (Taylor, 2013). Assim, temos:

$$a_{máx} = 2v\Omega = 2 \cdot (50 \text{ m/s}) \cdot (7{,}3 \cdot 10^{-5} 10 s^{-1}) \cong 0{,}007 \text{ ms}^2$$

Nessa equação, Ω é a velocidade angular da Terra, dada pela razão entre o deslocamento angular (2π) e o período (T):

$$\Omega = \frac{2\pi}{T} = \frac{2\pi \text{ rad}}{24\,h \cdot 3600\,s} \cong 7{,}3 \cdot 10^{-5} \frac{\text{rad}}{s}$$

Os efeitos cinemáticos da atuação da força de Coriolis podem ajudar em sua compreensão.

A força de Coriolis é resultado de contribuições de força inercial que precisam ser incluídas para descrever de forma correta os movimentos dos corpos observados em referenciais não inerciais e que giram em relação a um referencial inercial, tal como previsto pela Equação 3.24.

3.5 Pêndulo de Foucault

Sabemos que a Terra rotaciona em torno de seu eixo, movimento que também é executado por um pêndulo simples que oscila. Esse fato foi estudado experimentalmente pelo físico francês Jean Bernard Léon Foucault – em sua homenagem, o experimento ficou conhecido como *pêndulo de Foucault*.

O **pêndulo de Foucault** é composto por uma haste com certo comprimento L, e sua frequência de oscilação ω é dada pela equação a seguir, ou seja, quanto maior for a haste do pêndulo, maior será o período de oscilação.

Equação 3.27

$$\omega = \sqrt{\frac{g}{L}}$$

Outra peculiaridade do pêndulo de Foucault é que ele é livre para oscilar em todo o plano xy, ao contrário do pêndulo simples, que oscila em uma única direção. Além disso, no ponto de suspensão no teto do pêndulo de Foucault, há um mecanismo que minimiza o atrito, possibilitando o movimento no plano xy.

Quando Foucault realizou seu experimento, ele suspendeu uma esfera de 30 kg conectada por um fio com comprimento de 67 m, fixou-a no teto e colocou-a para oscilar como um pêndulo. No interior da esfera, havia areia que escorria no piso, marcando a trajetória do pêndulo. Ao observar o "desenho" feito pela areia no chão, Foucault não percebeu sobreposições das trajetórias descritas pelo pêndulo, porém havia um espaçamento entre um e outro desenho, o que mostrava que cada período completo do pêndulo, ou seja, cada volta completada por ele, descrevia uma trajetória distinta da outra, como está exageradamente ilustrado na Figura 3.2, a seguir.

Figura 3.2 – Trajetória descrita pelo pêndulo de Foucault

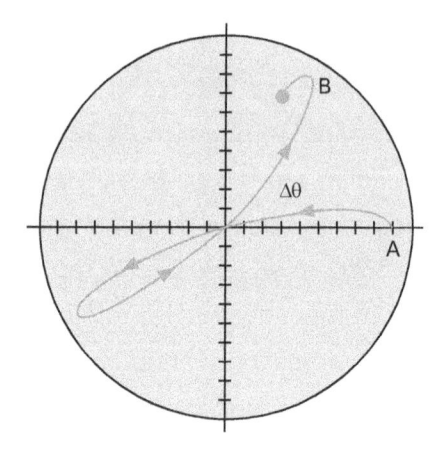

Fonte: García, 2020.

Portanto, o fenômeno do pêndulo de Foucault se deve ao fato de o plano de oscilação ficar inalterado no referencial inercial; porém como nós, observadores, estamos na superfície da Terra (que não é um referencial inercial), vemos o pêndulo girar em torno de seu ponto de fixação por causa do efeito da rotação do planeta (Villar, 2014-2015). Se estivéssemos em um referencial inercial, por exemplo, fora da Terra, poderíamos ver o movimento de rotação da Terra, e a trajetória observada para o pêndulo de Foucault seria uma linha reta, ou seja, a areia iria marcar repetidamente o mesmo traço no chão em razão do movimento oscilatório de ida e volta do pêndulo, já que não haveria força atuante nos eixos x e y.

Para saber mais

Livro

SYMON, K. R. Tradução de Gilson Brand Batista. **Mecânica**. 2. ed. Rio de Janeiro. Campus, 1988.

Indicamos essa obra para quem deseja aprofundar seu conhecimento acerca dos tópicos abordados neste capítulo. Sugerimos ainda a pesquisa em livros ou *sites* da internet sobre força centrífuga, sobretudo envolvendo situações em que essa força está presente.

Site

FIOCRUZ – Fundação Oswaldo Cruz. Disponível em: <https://portal.fiocruz.br>. Acesso em: 3 nov. 2020.

Sugerimos o *site* da Fiocruz como auxílio na busca de informações sobre a força de Coriolis, inclusive como ela pode afetar os ciclones.

Vídeo

MARQUES, G. da C. Força centrífuga de Coriolis. **Universidade de São Paulo**. e-Aulas: Portal de videoaulas. Mecânica: tema 23 – forças de inércia – aula 5/6. Disponível em: <http://eaulas.usp.br/portal/video.action?idItem=5733>. Acesso em: 12 nov. 2020.

MARQUES, G. da C. Força centrífuga no movimento de uma curva. **Universidade de São Paulo**. e-Aulas: Portal de videoaulas. Mecânica: tema 23 – forças de inércia – aula 4/6. Disponível em: <http://eaulas.usp.br/portal/video.action?idItem=5731>. Acesso em: 12 nov. 2020.

TV ENSINO. **Experiência do pêndulo de Foucault**. Portugal, 2018. Disponível em: <https://www.youtube.com/watch?v=kn6H0rSNlho>. Acesso em: 3 nov. 2020.

O vídeo usa uma réplica do pêndulo de Foucault em Lisboa para explicar como essa experiência mostra que a Terra gira em torno de seu eixo.

Síntese

Neste terceiro capítulo, descrevemos as equações de posição, de velocidade e de aceleração para referenciais não inerciais e inerciais. Também aplicamos a segunda lei de Newton para descrever o movimento de partículas nesses referenciais.

Por fim, mostramos dois casos específicos: a força de Coriolis e o pêndulo de Foucault, pelos quais pudemos exemplificar os referenciais inerciais e não inerciais.

Atividades de autoavaliação

1) Considere a imagem a seguir.

Figura C – Sistema de referencial inercial e não inercial para observação do ponto P

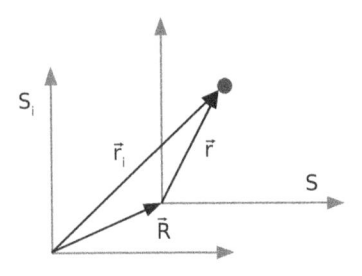

Fonte: Villar, 2014-2015, p. 83.

Determine o vetor R, que relaciona as origens em ambos os referenciais (inercial e não inercial). As coordenadas dos vetores *posição* nos referenciais inercial e não inercial são dadas pelos seguintes vetores:

$$r_i = 3\hat{i} + 5\hat{j}$$
$$r = 1,5\hat{i} + 4\hat{j}$$

Desse modo, o vetor R corresponde a:

a) $1,5\hat{i} + 1$.
b) $1,5\hat{i}$.
c) $4,5\hat{i} + 4$.
d) $1,5\hat{i} + 7$.
e) $4,5\hat{i} + 7$.

2) Uma partícula de 100 g é acelerada no referencial não inercial a 2 m/s², e a aceleração da origem do referencial não inercial em relação à origem do referencial inercial equivale a 3 m/s². A força fictícia que atua nessa partícula vale:
   a) 0,3 N.
   b) 0,5 N.
   c) 0,2 N.
   d) 0,6 N.
   e) 0,1 N.

3) Sobre os referenciais inerciais e não inerciais, é correto afirmar:
   a) Podemos utilizar um único ponto de referência para analisar qualquer movimento, e pode ser o mesmo ponto para ambos os referenciais – inercial e não inercial.
   b) Um referencial inercial é aquele no qual as leis de Newton são válidas e que não influencia a escolha do referencial não inercial.
   c) Um referencial inercial é aquele no qual as leis de Newton são válidas e que é utilizado para se determinar o referencial não inercial.
   d) O movimento observado em um referencial inercial sempre será o mesmo constatado no referencial não inercial, por isso não são necessários ajustes nos termos de velocidade e de aceleração.
   e) O referencial inercial é independente do referencial não inercial e o movimento de uma partícula pode ser estudado em ambos os referenciais que os resultados serão idênticos.

4) Sobre o pêndulo de Foucault, é correto afirmar:
   a) A trajetória descrita pelo movimento oscilatório é a mesma para diferentes observadores em um referencial inercial e em um não inercial.
   b) A trajetória descrita sempre será uma linha reta, independentemente do referencial adotado.
   c) Um observador fora da superfície da Terra veria uma trajetória circular descrita pelo movimento oscilatório do pêndulo.
   d) Um observador fora da superfície da Terra veria uma trajetória linear descrita pelo movimento oscilatório do pêndulo.
   e) Um observador na superfície da Terra veria uma trajetória linear descrita pelo movimento oscilatório do pêndulo.

5) Sobre a força de Coriolis, é **incorreto** afirmar:
   a) É resultado de contribuições de força inercial que precisam ser incluídas para descrever de forma correta os movimentos dos corpos observados em referenciais não inerciais que giram em relação a um referencial inercial.
   b) Atua no movimento dos oceanos e das massas de ar nos continentes.
   c) É uma força inercial, ou seja, uma força fictícia.
   d) Somente a componente ortogonal da velocidade angular contribui para a atuação dessa força.
   e) São contribuições de força inercial que não precisam ser incluídas para descrever de forma correta os movimentos dos corpos observados em referenciais não inerciais que giram em relação a um referencial inercial.

Atividades de aprendizagem

Questões para reflexão

1) Considere uma máquina de lavar roupas que está operando no ciclo de centrifugação. Elabore as condições da forma geométrica que descrevem a superfície do líquido em rotação.

2) Conforme os sistemas de translação e de rotação da Terra, analise situações cotidianas – por exemplo, uma pessoa caminhando ou empurrando objetos, uma bola de bilhar em movimento, o girar de rodas, entre outros. Para isso, estabeleça um referencial inercial e outro não inercial nos quais podemos verificar esses eventos.

Atividade aplicada: prática

1) A primeira demonstração do pêndulo de Foucault ocorreu em 1851. Faça uma pesquisa mais aprofundada sobre esse importante experimento, que teve como objetivo demonstrar a rotação da Terra em torno de seu próprio eixo. Busque, na internet, textos e vídeos sobre essa história e um passo a passo de como fazer sua montagem experimental.

Formulação lagrangiana

4

Neste capítulo, examinaremos situações que envolvem a resolução de problemas de mecânica clássica por meio das equações de Lagrange. Veremos os vínculos e as coordenadas generalizadas, as forças generalizadas e, claro, as próprias equações de Lagrange. Aplicaremos essas equações às leis de conservação e abordaremos a equivalência delas com as formulações de Newton.

As vantagens de utilizarmos a formulação de Lagrange, e não as de Newton, são que aquelas assumem formas independentes do sistema de coordenadas. Considerando o esquema de vínculos, é possível suprimir as forças de vínculos (que veremos na sequência), visto que isso facilita a resolução de problemas, pois, no geral, essas forças não são conhecidas. Na introdução de seu livro *Méchanique analytique*, publicado em 1788, Lagrange enfatizou que situações que envolvem o movimento dos corpos seriam possíveis de ser solucionadas sem o uso de diagramas de forças ou de vetores, ferramentas fundamentais na mecânica newtoniana. Assim, o autor trata como *escalares* as grandezas desenvolvidas em sua teoria (Taylor, 2013).

4.1 Vínculos e coordenadas generalizadas

Os **vínculos** são limitações relacionadas às posições e às velocidades das partículas que compõem um sistema mecânico e que podem restringir seu movimento. Portanto, são restrições que se referem às **condições da cinemática** do sistema mecânico. As condições de dinâmica desse sistema também precisam ser analisadas, já que são o ponto de partida para a realização da formulação das equações de movimento. **As restrições de natureza dinâmica não são vínculos**, pois descrevem o movimento que é restrito às condições da cinemática (Santos; Orlando, 2012).

Para esclarecer os conceitos do parágrafo anterior, precisamos analisar as condições impostas pela segunda lei de Newton: um corpo, para ser movido, precisa estar sob a ação de uma força externa que faz com que ele se movimente em determinado plano fixo em relação ao referencial inercial. Porém, na mecânica lagrangiana, não podemos considerar que há um vínculo nessa situação, pois é de natureza dinâmica (Santos; Orlando, 2012).

Nos casos em que o corpo ou o sistema se movimentam, estará possivelmente submetido a possíveis restrições, ou seja, a vínculos. Nesse caso, certo número mínimo de coordenadas independentes será necessário para descrever o movimento, as quais podem ser representadas por q_1, q_2, ..., q_n e são denominadas *coordenadas generalizadas*, pois podem assumir diferentes grandezas físicas, como distância, ângulos e demais outras a elas relacionadas.

Vejamos a Figura 4.1, a seguir, com coordenadas cartesianas. Na imagem, um corpo descreve uma trajetória circular com um raio *r* e assim se move em um plano composto por duas dimensões: *x* e *y*. Dessa forma, o corpo tem dois graus de liberdade. Utilizando a restrição de vínculos, podemos reduzir de dois para um grau de liberdade (Santos; Orlando, 2012).

Figura 4.1 – Corpo que descreve uma trajetória circular de raio *r*

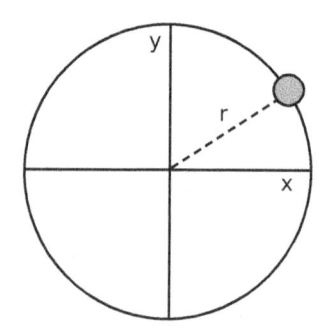

Com base nas relações trigonométricas, temos um vínculo expresso por:

Equação 4.1

$$x^2 + y^2 = r^2$$

É possível eliminar a coordenada *x* por meio de substituição:

Equação 4.2

$$x \rightarrow \sqrt{r^2 - y^2}$$

Esse vínculo possibilita estabelecer relação entre as coordenadas ou explicitar uma ou mais coordenadas em função das demais – é um vínculo holônomo. Em um sistema genérico composto por *n* partículas no sistema de coordenadas cartesianas, elas podem ser representadas por r_1, r_2, ..., r_N. Os vínculos aos quais essas partículas podem estar sujeitas são classificados em **vínculos holônomos** e **vínculos não holônomos**. Os primeiros podem ser expressos em termos de funções como f (r_1, r_2, ..., r_N, t); já os segundos não são expressos dessa forma.

Agora, expressaremos a coordenada generalizada de uma partícula que se desloca em um plano bidimensional (dois graus de liberdade). A derivada da função do movimento de determinada trajetória da partícula fornece sua velocidade. Nessa situação, a derivada temporal da coordenada generalizada provê a velocidade generalizada, que matematicamente podemos expressar pela equação a seguir:

Equação 4.3

$$\dot{q}_i \equiv \frac{\partial q_i}{\partial t}$$

4.2 Equações de Lagrange para movimentos com vínculo

Agora, veremos as equações de Lagrange para sistemas holônomos. Consideremos, por brevidade, um caso com apenas uma partícula que se move sobre uma superfície, portanto, com dois graus de liberdade, o que pode ser descrito por duas coordenadas generalizadas, q_1 e q_2, que variam independentemente.

Consideremos também que as duas forças atuam na partícula ou em um sistema. Inicialmente, existe uma força de vínculo para a situação em que há uma conta em um fio, e a força normal gerada pelo fio sobre a conta é a de vínculo. Já no caso da partícula em movimento sobre uma superfície, a força de vínculo é a normal em razão da interação com a superfície. A força de vínculo resultante é denotada pela simbologia F_{vinc} (Taylor, 2013).

Um dos focos do formalismo lagrangiano é a obtenção de equações que não dependem de forças de vínculo, as quais não nos interessa conhecer. Entretanto, devemos observar que, se elas não forem conservativas, não poderemos aplicar as equações de Lagrange na forma simplificada.

O segundo passo é reconhecer todas as demais forças que não são de vínculo (denotadas pelo símbolo F), como a força da gravidade. São elas que devemos considerar para o formalismo lagrangiano, desde que se conservem (Taylor, 2013). Assim, as forças sem vínculo podem ser relacionadas com a energia potencial e dependem do tempo ($U(\mathbf{r}, t)$):

Equação 4.4

$$\mathbf{F} = -\nabla U(\mathbf{r}, t)$$

A força total que atua na partícula é a contribuição das forças com e sem vínculo, ou seja:

Equação 4.5

$$F_{tot} = F_{vinc} + F$$

E a equação de Lagrange é finalmente definida como:

Equação 4.6

$$\mathcal{L} = K - U$$

Essa equação não considera as forças com vínculo, pois relaciona apenas forças conservativas sem vínculos.

Para demonstrar as equações de Lagrange, vamos retornar à análise do movimento da partícula. Consideremos que, nos instantes t_1 e t_2, a partícula passa pelas posições r_1 e r_2, respectivamente. Indicaremos por **r**(t) o caminho correto a ser percorrido pela partícula e por **R**(t) um caminho considerado entre dois pontos iguais ao de **r**(t), mas que a partícula não deve seguir. Assim, temos:

Equação 4.7

$$\mathbf{R}(t) = \mathbf{r}(t) + \varepsilon(t)$$

Em que:

- $\varepsilon(t)$ corresponde ao vetor infinitesimal que aponta de **r**(t) sobre o caminho correto até o ponto correspondente **R**(t).

Agora, suponhamos que ambos os pontos, **r**(t) e **R**(t), estão contidos sobre a superfície em que se encontra a partícula, assim como o vetor ε(t) (Taylor, 2013).

Os pontos extremos a serem percorridos por **r**(t) e **R**(t) são os mesmos, logo, o vetor ε(t) é nulo nos instantes t_1 e t_2. Indicamos a integral de ação da seguinte forma:

Equação 4.8

$$S = \int_{t_1}^{t_2} \mathcal{L}(\mathbf{R}, \dot{\mathbf{R}}, t)dt$$

Em que:

- **R**(t) deve estar inserido ao longo de qualquer caminho por uma superfície sem vínculo;
- S_0 deve ser a integral para analisar o caminho correto **r**(t).

A integral S é estacionária para ambos os caminhos, **r**(t) e **R**(t), se **r**(t) = **R**(t), ou seja, a diferença de ε é nula. Matematicamente, podemos escrever as integrais de ação como:

Equação 4.9

$$\delta S = S - S_0$$

Como consequência, vamos demonstrar que a equação anterior é nula em primeira ordem na distância ε entre os caminhos considerados (Taylor, 2013).

A operação $S - S_0$ da Equação 4.9 corresponde à integral da diferença entre as equações lagrangianas dos caminhos em análise, ou seja:

Equação 4.10

$$\delta\mathcal{L} = \mathcal{L}(\mathbf{R}, \dot{\mathbf{R}}, t) - \mathcal{L}(\mathbf{r}, \dot{\mathbf{r}}, t)$$

Substituindo a Equação 4.7 e considerando as Equações 4.8 e 4.10 temos:

Equação 4.11

$$\mathcal{L}(\mathbf{r}, \dot{\mathbf{r}}, t) = K - U = \frac{1}{2}m\dot{\mathbf{r}}^2 - U(\mathbf{r}, t)$$

Para prosseguir, vamos relembrar que podemos expressar a força como gradiente da energia potencial e que, para qualquer função escalar f(**r**), é válida a relação $f(\mathbf{r} + \varepsilon) - f(\mathbf{r}) \approx \varepsilon \cdot \nabla f$ (Taylor, 2013). Portanto, a equação anterior passa a ser:

Equação 4.12

$$\delta\mathcal{L}(\mathbf{r}, \dot{\mathbf{r}}, t) = \frac{1}{2}m\left[(\dot{\mathbf{r}} - \dot{\varepsilon})^2 - \dot{\mathbf{r}}^2\right] - [U(\mathbf{r} + \varepsilon, t) - U(\mathbf{r}, t)]$$

$$= m\dot{\mathbf{r}}\dot{\varepsilon} - \varepsilon - \nabla U + 0(\varepsilon)^2$$

Em que:

- $0(\varepsilon)^2$ expressa os termos por meio da relação entre quadrados e potências mais elevadas de ε e $\dot{\varepsilon}$.

Retomando a diferença da Equação 4.10, com base nas duas integrais de ação, para a primeira ordem de ε, obtemos:

Equação 4.13

$$\delta S = \int_{t_1}^{t_2} \delta \mathcal{L} dt = \int_{t_1}^{t_2} \left[m\dot{r}\dot{\varepsilon} - \varepsilon \cdot \nabla U \right] dt$$

Podemos utilizar processo de integração por partes para o primeiro termo da integral de ação (Taylor, 2013). Como já mencionamos anteriormente, nos pontos extremos, a diferença de ε é nula, o que nos leva a:

Equação 4.14

$$\delta S = -\int_{t_1}^{t_2} \varepsilon \cdot \left[m\ddot{r} + \nabla U \right] dt$$

A segunda lei de Newton é satisfeita pelo caminho correto dado pelo vetor **r**(t). Logo, o termo m$\ddot{r}$ corresponde à força total que atua na partícula, ou seja, a soma das forças com e sem vínculo (Taylor, 2013). Porém, como ∇U = –**F**, consequentemente, na Equação 4.14, o segundo termo cancela a segunda parte do primeiro termo, o que resulta em:

Equação 4.15

$$\delta S = -\int_{t_1}^{t_2} \varepsilon \cdot \mathbf{F}_{vinc} dt$$

Para a situação proposta, da partícula em movimento, a força normal à superfície é a força de vínculo, quando ε está sobre a superfície. Logo, $\varepsilon \cdot \mathbf{F}_{vinc}$ é nulo ou, de forma equivalente, $\delta S = 0$. Isso significa que a integral de ação é estacionária quando selecionamos o caminho correto, como afirmamos no início desta seção.

Finalmente, estamos chegando à demonstração das equações de Lagrange, o que faremos em relação às coordenadas generalizadas, uma vez que não é possível utilizar as coordenadas cartesianas. Na Seção 4.5, as equações de Lagrange serão novamente demonstradas e chegaremos ao princípio de Hamilton, no qual a integral de ação é estacionária ao longo do percurso que a partícula descreve (Taylor, 2013).

Neste momento, para demonstrar as equações de Lagrange, devemos nos atentar que, em consequência dos vínculos holonômicos, a partícula tem seu movimento restrito à superfície em que ocorre, ou seja, em um subconjunto bidimensional com base nas três dimensões. Portanto, a partícula tem dois graus de liberdade e pode ser descrita em coordenadas generalizadas, q_1 e q_2, que são independentes e variadas. As variações de q_1 e q_2 são consistentes com os vínculos. Assim, podemos escrever as integrais de ação como:

Equação 4.16

$$S = \int_{t_1}^{t_2} \mathcal{L}(q_1, q_2, q_3, \dot{q}_1, \dot{q}_2, t)\,dt$$

A integral dessa equação é estacionária para qualquer variação de q_1 e q_2, em relação ao caminho correto que a partícula percorre. As condições de cálculo das variações que satisfazem as equações de Lagrange são dadas por:

Equação 4.17

$$\frac{\partial \mathcal{L}}{\partial q_1} = \frac{d}{dt}\frac{\partial \mathcal{L}}{\partial \dot{q}_1} \text{ e } \frac{\partial \mathcal{L}}{\partial q_2} = \frac{d}{dt}\frac{\partial \mathcal{L}}{\partial \dot{q}_2}$$

A demonstração anterior se aplica ao caso do movimento em três dimensões de uma única partícula que se move em uma superfície bidimensional. De forma geral, podemos considerar qualquer sistema holonômico, com *n* graus de liberdade e *n* coordenadas generalizadas, em que as forças que não são de vínculo não se relacionam com a energia potencial (U); logo, o caminho percorrido pelo sistema é dado por *n* equações de Lagrange:

Equação 4.18

$$\frac{\partial \mathcal{L}}{\partial q_i} = \frac{d}{dt}\frac{\partial \mathcal{L}}{\partial \dot{q}_i}, \text{ sendo } [i = 1, ..., n]$$

Em que:

- $\mathcal{L}$ é a equação lagrangiana que corresponde a $\mathcal{L} = K - U$;
- U é a energia potencial total referente a todas as forças sem vínculo, as quais não são conservativas e são deduzidas a partir da energia potencial (Taylor, 2013).

4.3 Forças generalizadas

Na Equação 4.19, a seguir, a derivada fornece a componente F_x da força que atua no sistema e, na Equação 4.20, temos a equivalência do momento linear na componente x. Em ambos os casos, as expressões valem para a componente y:

Equação 4.19

$$\frac{\partial \mathcal{L}}{\partial x} = -\frac{\partial U}{\partial x} = F_x$$

Equação 4.20

$$\frac{\partial \mathcal{L}}{\partial \dot{x}} = -\frac{\partial K}{\partial \dot{x}} = m\dot{x} = p_x$$

Agora, utilizaremos as coordenadas generalizadas $q_1, q_2, ..., q_n$ para expressar $\partial L/\partial q_i$. Cabe ressaltar que pode ser que essa expressão não represente uma força, entretanto atua de forma semelhante. Igualmente, esse contexto é válido para expressar $\partial L/\partial \dot{q}$, que atua em um sistema similarmente a um momento (Taylor, 2013). Dessa forma, denominamos essas derivadas de *força generalizada* e *momento generalizado*. Matematicamente, podemos expressá-las por:

Equação 4.21

$$\frac{\partial \mathcal{L}}{\partial q_i} = (i - \text{ésima componente da força generalizada})$$

Equação 4.22

$$\frac{\partial \mathcal{L}}{\partial \dot{q}_i} = (i - \text{ésima componente do momento generalizado})$$

Com base nessas duas fórmulas, podemos escrever a equação de Lagrange como:

Equação 4.23

$$\frac{\partial \mathcal{L}}{\partial q_i} = \frac{d}{dt}\frac{\partial \mathcal{L}}{\partial \dot{q}_i}$$

Portanto, a força generalizada é igual à taxa de variação do momento generalizado.

4.4 Simetrias e leis de conservação

De forma equivalente ao abordado do Capítulo 1 quanto ao princípio da conservação da energia, nesta seção trataremos das leis de conservação do momento linear e da energia sob o ponto de vista lagrangiano, o que ampliará nossos recursos matemáticos para a análise de situações-problema relacionadas a esses tópicos.

4.4.1 Conservação do momento total

Abordaremos agora as leis da conservação do momento linear e da energia sob o ponto de vista lagrangiano.

A principal característica de um sistema isolado é que ele é invariante translacionalmente, ou seja, se o corpo sofrer um certo deslocamento ε, nenhuma propriedade que nele seja significativa será alterada. Assim como representado na Figura 4.2, a seguir, em que o sistema se deslocou uma quantia ε, ou seja, sua posição passou de r_1 para $r_1 + ε$; de forma genérica, temos $r_n \rightarrow r_n + ε$.

Embora a posição tenha sido alterada, a energia potencial não mudou em razão desse deslocamento. Portanto, temos:

Equação 4.24

$$U(r_1 + ε, ..., r_n + ε, t) = U(r_1, ..., r_n, t)$$

Figura 4.2 – Sistema isolado com partícula translacionalmente invariante

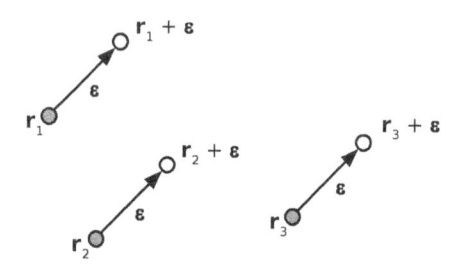

Fonte: Taylor, 2013, p. 268.

Nesse caso, não há variação das energias potencial e cinética, pois a velocidade de uma partícula não é alterada na translação. Logo, a equação $\mathcal{L} = K - U$ é igual a zero.

Essas condições são válidas para qualquer deslocamento ε infinitesimal em *x* enquanto as coordenadas *y* e *z* não se alterarem. A variação de L para a translação é escrita como:

Equação 4.25

$$\partial \mathcal{L} = \varepsilon \frac{\partial \mathcal{L}}{\partial x_1} + \ldots + \varepsilon \frac{\partial \mathcal{L}}{\partial x_n} = 0$$

Consequentemente, temos:

Equação 4.26

$$\sum_{\alpha=1}^{N} \frac{\partial \mathcal{L}}{\partial x_\alpha} = 0$$

Segundo as equações de Lagrange, as derivadas podem ser expressas por:

Equação 4.27

$$\frac{\partial \mathcal{L}}{\partial x_\alpha} = \frac{d}{dt}\frac{\partial \mathcal{L}}{\partial \dot{x}_\alpha} = \frac{d}{dt} p_{\alpha x}$$

Na equação anterior, $p_{\alpha x}$ é a componente *x* do momento da partícula α. Assim, podemos escrever a Equação 4.26 como:

Equação 4.28

$$\sum_{\alpha=1}^{N} \frac{d}{dt} p_{\alpha x} = \frac{d}{dt} P_x = 0$$

Em que:

- P_x é o momento total na componente *x* e pode ser determinado de forma equivalente por $\mathbf{P} = \sum_\alpha \mathbf{p}_x$.

A análise também é válida para as componentes *y* e *z* e permite concluir que o momento linear total é conservado quando o sistema é invariante (Taylor, 2013).

4.4.2 Conservação da energia

Conforme uma partícula se movimenta, os termos dados pela Equação 4.19 $\left(\frac{\partial \mathcal{L}}{\partial x} = -\frac{\partial U}{\partial x} = F_x \right)$ podem variar, uma vez que são dependentes do tempo. Assim, quando aplicamos a regra da cadeia, temos:

Equação 4.29

$$\frac{d}{dt} \mathcal{L} \ (q_1,...,q_n, \dot{q}_1,...,\dot{q}_n, t) = \sum_i \frac{\partial \mathcal{L}}{\partial q_i} \dot{q}_i + \sum_i \frac{\partial \mathcal{L}}{\partial \dot{q}_i} \ddot{q}_i + \frac{\partial \mathcal{L}}{\partial t}$$

No primeiro somatório dessa equação, podemos incluir a derivada, conforme a equação de Lagrange:

Equação 4.30

$$\frac{\partial \mathcal{L}}{\partial q_i} = \frac{d}{dt}\frac{\partial \mathcal{L}}{\partial \dot{q}_i} = \frac{d}{dt}p_i = \dot{p}_i$$

Quando analisamos a Equação 4.29, percebemos que o segundo somatório corresponde ao momento generalizado. Assim, ela se torna:

Equação 4.31

$$\frac{d}{dt}\mathcal{L} = \sum_i (\dot{p}_i\dot{q}_i + p_i\ddot{q}_i) + \frac{\partial \mathcal{L}}{\partial t} = \frac{d}{dt}\sum_i (p_i\dot{q}_i) + \frac{\partial \mathcal{L}}{\partial t}$$

Em muitas situações nas quais podemos utilizar o formalismo lagrangiano, não há uma dependência do tempo, logo, o último fator na Equação 4.31 é igual a zero. Reordenando os outros termos, chegamos ao resultado de que a derivada temporal da equação a seguir também é zero, ou seja:

Equação 4.32

$$\sum p_i\dot{q}_i - \mathcal{L} = 0$$

Dada sua importância, a grandeza referente à Equação 4.32 é denominada **grandeza hamiltoniana (H)** do sistema. Se a reescrevermos com a simbologia hamiltoniana, teremos:

Equação 4.33

$$H = \sum_{i=1}^{n} p_i \dot{q}_i - \mathcal{L}$$

A grandeza hamiltoniana de um sistema é conservada se não houver uma dependência direta do tempo da equação lagrangiana do sistema. Em razão do caráter conservativo da grandeza hamiltoniana, em muitas situações ela corresponde à energia total de um sistema. Entretanto, deve haver dependência temporal entre as coordenadas generalizadas e cartesianas, $r_\alpha = r_\alpha(q_1, ..., q_n)$. Já que a grandeza hamiltoniana é a energia total do sistema, podemos escrevê-la da seguinte maneira:

Equação 4.34

$$H = T + U$$

4.5 Equivalência das formulações de Newton e de Lagrange

Já vimos as formulações da dinâmica nas visões newtoniana e lagrangiana. Agora, vamos estabelecer a equivalência entre essas duas importantes formulações da mecânica clássica para o estudo do movimento dos objetos.

4.5.1 Equações de Lagrange para movimentos sem vínculo

Inicialmente, vamos considerar que, no espaço tridimensional, uma partícula está em movimento sujeita apenas às forças conservativas. Assim, podemos descrever sua energia cinética como:

Equação 4.35

$$K = \frac{mv^2}{2} = \frac{1}{2}m\dot{r}^2 = \frac{1}{2}m(\dot{x}^2 + \dot{y}^2 + \dot{z}^2)$$

Sua energia potencial é dada por:

Equação 4.36

$$U = U(\mathbf{r}) = U(x, y, z)$$

Como já vimos, a **função lagrangiana**, ou apenas *lagrangiana*, é definida da seguinte maneira (Taylor, 2013):

Equação 4.37

$$\mathcal{L} = K - U$$

Embora a lagrangiana seja a diferença entre as energias cinética e potencial, ela não equivale à energia mecânica do sistema. A grandeza lagrangiana é dependente da posição da partícula (*x*, *y*, *z*), como explicitado nas equações de energia anteriores.

Consequentemente, suas derivadas também são dependentes da posição da partícula, logo, $\mathcal{L} = \mathcal{L}(x, y, z, \dot{x}, \dot{y}, \dot{z})$. Considerando as duas derivadas, podemos escrever:

Equação 4.38

$$\frac{\partial \mathcal{L}}{\partial x} = -\frac{\partial U}{\partial x} = F_x$$

Equação 4.39

$$\frac{\partial \mathcal{L}}{\partial \dot{x}} = -\frac{\partial K}{\partial \dot{x}} = m\dot{x} = p_x$$

Derivando a segunda equação em relação ao tempo e de acordo com a segunda lei de Newton, também assumimos que o sistema está em um referencial inercial. Portanto, temos:

Equação 4.40

$$F_x = \dot{p}_x$$

Logo, é válida a seguinte igualdade:

Equação 4.41

$$\frac{\partial \mathcal{L}}{\partial x} = \frac{d}{dt}\frac{\partial \mathcal{L}}{\partial \dot{x}}$$

Uma vez que consideramos o espaço tridimensional, no sistema de coordenadas cartesianas, temos três equações de Lagrange relacionadas à segunda lei de Newton, expressas matematicamente por:

Equação 4.42

$$\frac{\partial \mathcal{L}}{\partial x} = \frac{d}{dt}\frac{\partial \mathcal{L}}{\partial \dot{x}}, \quad \frac{\partial \mathcal{L}}{\partial y} = \frac{d}{dt}\frac{\partial \mathcal{L}}{\partial \dot{y}} \quad e \quad \frac{\partial \mathcal{L}}{\partial z} = \frac{d}{dt}\frac{\partial \mathcal{L}}{\partial \dot{z}}$$

A segunda lei de Newton, em coordenadas cartesianas, para um corpo que se move sob a ação de forças conservativas em duas dimensões, pode ser escrita a partir das duas equações anteriores. Se levarmos em conta as equações para as derivadas em duas dimensões (Equação 4.40 e Equação 4.41), obteremos:

Equação 4.43

$$\frac{\partial \mathcal{L}}{\partial x} = \frac{d}{dt}\frac{\partial \mathcal{L}}{\partial \dot{x}} \leftrightarrow F_x = m\ddot{x} \quad e \quad \frac{\partial \mathcal{L}}{\partial y} = \frac{d}{dt}\frac{\partial \mathcal{L}}{\partial \dot{y}} \leftrightarrow F_y = m\ddot{y}$$

Com base nas duas equações anteriores, temos:

Equação 4.44

$$\mathbf{F} = m \cdot \mathbf{a}$$

As Equações 4.43 e 4.44 mostram que a trajetória de uma partícula pode ser obtida de forma equivalente tanto pela segunda lei de Newton quanto pelas equações de Lagrange.

As fórmulas descritas na Equação 4.42 indicam que suas integrais são estacionárias para um caminho percorrido por uma partícula. Essa integral é chamada de *linha de ação* e é conhecida como *princípio de Hamilton*.

Importante!

O **princípio de Hamilton** é o caminho real de uma partícula que percorre dois pontos (1 e 2) em certo intervalo de tempo (de t_1 a t_2). Ele pode ser expresso pela seguinte integral de ação:

Equação 4.45

$$S = \int_{t_1}^{t_2} \mathcal{L} \, dt$$

Essa integral é estacionária quando consideramos um caminho real. A importância do princípio de Hamilton é que ele valida as equações de Lagrange em quase todos os sistemas de coordenadas, por exemplo, em coordenadas cartesianas [**r** = (x, y, z)], em coordenadas esféricas polares (r, θ, φ) e em coordenadas cilíndricas polares (ρ, ϕ, z) (Taylor, 2013).

Considerando um conjunto de coordenadas generalizadas arbitrário, dado por q_1, q_2 e q_3, e que cada posição *r* está relacionada com um único valor de (q_1, q_2, q_3), vemos que o contrário também é válido, ou seja:

Equação 4.46

$$q_i = q_i(\mathbf{r}), \text{ para } i = 1, 2 \text{ e } 3$$

Equação 4.47

$$\mathbf{r} = \mathbf{r}(q_1, q_2, q_3)$$

Com base na Equação 4.47, podemos reescrever a posição (x, y, z), bem como sua correspondente velocidade em termos das variáveis de coordenadas generalizadas. Usando as novas coordenadas, também podemos reescrever a lagrangiana (Equação 4.48) e a integral de ação (Equação 4.49):

Equação 4.48

$$\mathcal{L} = \mathcal{L}(q_1, q_2, q_3, \dot{q}_1, \dot{q}_2, \dot{q}_3)$$

Equação 4.49

$$S = \int_{t_1}^{t_2} \mathcal{L}(q_1, q_2, q_3, \dot{q}_1, \dot{q}_2, \dot{q}_3) dt$$

Nessa equação, a integral S tem seu valor inalterado por causa da mudança de variável, logo, é estacionária para variações do caminho, na vizinhança do caminho correto (Taylor, 2013).

Para saber mais

Livro

TAYLOR, J. R. **Mecânica clássica**. Tradução de Waldir Leite Roque. Porto Alegre: Bookman, 2013.

Nessa obra, sugerimos a análise da validade da equação H = T + U, utilizando-se coordenadas generalizadas e a expressão da energia cinética total.

Vídeo

O MUNDO DA CIÊNCIA. **Mecânica lagrangeana**. 2018. Disponível em: <https://www.youtube.com/watch?v=awjxsGhPTyU>. Acesso em: 4 nov. 2020.

O vídeo apresenta uma breve introdução à mecânica lagrangeana, com exemplos do cotidiano que facilitam a compreensão do assunto.

Síntese

Neste capítulo, analisamos os principais conceitos e equações sobre a formulação de Lagrange com base nas coordenadas cartesianas.

Também comparamos essas definições com a formulação newtoniana para a dinâmica dos corpos.

Atividades de autoavaliação

1) Uma partícula se movimenta em um plano bidimensional sob a ação de uma força conservativa. Utilizando coordenadas cartesianas para descrever a aceleração dessa partícula em x e y, obteremos:

   a) $\ddot{x} = \dfrac{F_y}{m}, \ddot{y} = \dfrac{F_x}{m}$.

   b) $\ddot{x} = \dfrac{F_x}{m}, \ddot{y} = \dfrac{F_x}{m}$.

   c) $\ddot{x} = \dfrac{F_x}{m}, \ddot{y} = \dfrac{F_y}{m}$.

   d) $\ddot{x} = \dfrac{F_y}{m}, \ddot{y} = \dfrac{F_y}{m}$.

   e) $\ddot{x} = F_x \cdot m, \ddot{y} = F_y \cdot m$.

2) O bloco da figura a seguir está preso a uma mola de constante elástica k e uma força F o puxa, movimentando-o para a direita.

Figura A – Força F sendo aplicada ao bloco preso a uma mola

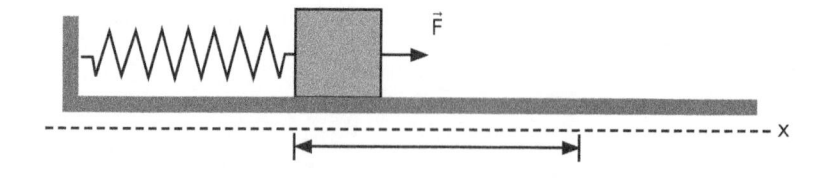

Utilizando-se as formulações newtoniana e lagrangiana, é possível provar que a aceleração do bloco é dada por:

a) $\ddot{x} = \dfrac{kx}{m}$.

b) $\ddot{x} = -\dfrac{2 \cdot kx}{m}$.

c) $\ddot{x} = -k \cdot x \cdot m$.

d) $\ddot{x} = -\dfrac{kx}{2m}$.

e) $\ddot{x} = -\dfrac{kx}{m}$.

3) Sobre as equações de Lagrange, é correto afirmar:
   a) Na mecânica, as equações de Lagrange são equivalentes à formulação de Newton para o estudo da dinâmica dos corpos.
   b) Utilizando distintos sistemas de coordenadas (cartesianas, esféricas ou cilíndricas), não há equivalência entre as equações de Lagrange nas diferentes coordenadas.
   c) Estabelecer ou não vínculos entre as grandezas de um movimento não interfere no desenvolvimento das equações de Lagrange em qualquer situação.
   d) O princípio de Hamilton não valida as equações de Lagrange nos diferentes sistemas de coordenadas.
   e) Todas as alternativas anteriores estão incorretas.

4) As leis da conservação, do momento linear e da energia, sob o ponto de vista lagrangiano, consideram que:
   a) não há nenhuma relação com as leis da conservação na formulação newtoniana.
   b) o sistema em análise é invariante translacionalmente.
   c) deslocamentos do corpo ou do sistema são permitidos desde que sua velocidade seja constante.
   d) deslocamentos do corpo ou do sistema devem alterar a velocidade do movimento de translação.
   e) não é possível estudar as leis da conservação utilizando a formulação de Lagrange.

5) Sobre os vínculos de um sistema mecânico, analise as afirmativas a seguir e marque V para as verdadeiras e F para as falsas.
   ( ) Os vínculos são limitações relacionadas às condições da cinemática do sistema mecânico.
   ( ) Os vínculos são limitações relacionadas às condições da dinâmica do sistema mecânico.
   ( ) Os vínculos nunca podem restringir o movimento do sistema.
   ( ) Os vínculos são limitações relacionadas às posições e às velocidades das partículas que compõem o sistema mecânico e podem restringir seu movimento.

( ) Nas situações em que o corpo ou o sistema se movimenta, este estará possivelmente submetido a possíveis restrições, ou seja, a vínculos.

Agora, assinale a alternativa que corresponde à sequência correta:

a) F, F, F, V, V.
b) V, F, V, V, V.
c) V, V, F, V, V.
d) V, F, F, V, V.
e) F, V, V, F, F.

Atividades de aprendizagem

Questões para reflexão

1) O formalismo escalar da mecânica lagrangiana é mais simples e geral quando comparamos a formulação baseada em vetores de Newton. Procure refletir sobre situações que você já domina utilizando a mecânica newtoniana e realize a análise delas por meio do formalismo de Lagrange.

2) Considere uma criança em repouso no topo de um toboágua que, em seguida, executa a descida, caindo na piscina. Analise a conservação da energia dessa situação sob o ponto de vista das mecânicas newtoniana e lagrangiana, ou seja, baseando-se nas equações da conservação da energia desses formalismos. Adote as seguintes equações:

$$E_{mec} = K + U \text{ e } H = T + U$$

Atividade aplicada: prática

1) A formulação lagrangiana não se aplica apenas ao campo da dinâmica dos corpos, isto é, ao estudo de seus movimentos. Podemos adotá-la para descrever o eletromagnetismo, por exemplo. Faça pesquisas em *sites* ou em livros para conhecer as equações de Lagrange para as forças magnéticas e para o comportamento de uma carga elétrica em um campo magnético.

Formulação hamiltoniana

5

Neste capítulo, abordaremos o princípio de Hamilton e as equações de movimento segundo sua formulação. Também veremos as equações canônicas conforme a dinâmica de Hamilton, além das aplicações dos teoremas de Liouville e de Virial. Trataremos, ainda, da relação matemática entre as equações de Lagrange e o princípio de Hamilton.

Como já analisamos nos capítulos anteriores, a mecânica lagrangiana é equivalente à mecânica newtoniana, e agora veremos que a mecânica hamiltoniana também é equivalente a elas. Entretanto, a vantagem desta última é ser mais flexível que as outras duas, pois, para a maioria dos sistemas que examinarmos sob a perspectiva hamiltoniana, teremos a energia total do sistema.

5.1 Princípio de Hamilton e equações de movimento

O **princípio de Hamilton** é uma formulação para o estudo da dinâmica dos objetos, assim como as formulações newtoniana e lagrangiana. Também é conhecido como *princípio de ação mínima da mecânica* ou *princípio do menor esforço*, pois estabelece que cada ação pode ter um valor máximo ou mínimo, sendo que o foco é minimizar essa ação.

No capítulo anterior, iniciamos o estudo do formalismo hamiltoniano e o relacionamos com a formulação lagrangiana. Agora, trataremos de seus principais pontos.

5.1.1 Função hamiltoniana

O princípio de Hamilton é um formalismo da mecânica clássica – que pode ser estendido para a mecânica relativística – aplicado para a análise do movimento de uma partícula ou de um sistema de partículas. Assim como já abordamos no Capítulo 4, as equações seguintes foram relacionadas com a lagrangiana, possibilitando o estudo da dinâmica de um corpo ou de um sistema:

Equação 5.1

$$\sum p_i \dot{q}_i - \mathcal{L} = 0$$

Equação 5.2

$$H = \sum_{i=1}^{n} p_i \dot{q}_i - \mathcal{L}$$

Para estabelecer a função hamiltoniana, inicialmente devemos relembrar que a função lagrangiana representa a diferença entre as energias cinética e potencial e que é uma função de *n* coordenadas generalizadas (q_1, ..., q_n) de suas *n* derivadas temporais – ou, de forma equivalente, de suas velocidades generalizadas e, talvez, do tempo. A função lagrangiana pode ser representada matematicamente por (Taylor, 2013):

Equação 5.3

$$\mathcal{L} = \mathcal{L}(q_1, \ldots, q_n, \dot{q}_1, \ldots, \dot{q}_n, t) = K - U$$

As *n* coordenadas dos termos $q_1, \ldots, q_n$ discriminam a posição e podem ser definidas em um ponto de um **espaço das configurações** *n*-dimensional. As 2n coordenadas das variáveis da equação anterior, que definem um ponto em um espaço de estados e estabelecem as condições iniciais em qualquer tempo t_0 escolhido, fornecem as equações de Lagrange com uma única solução das *n* equações de movimento diferenciais de segunda ordem:

Equação 5.4

$$\frac{\partial \mathcal{L}}{\partial q_i} = \frac{d}{dt} \frac{\partial \mathcal{L}}{\partial \dot{q}_i} \quad [i = 1, \ldots, n]$$

Dados os conjuntos das condições iniciais, temos estabelecidas as equações de movimento que definem um único caminho no espaço de estados.

Vale relembrar que o momento generalizado, também chamado de *momento canônico* ou *momento conjugado*, pode ser escrito como:

Equação 5.5

$$p_i = \frac{\partial \mathcal{L}}{\partial \dot{q}_i}$$

Na formulação hamiltoniana, a lagrangiana é sobreposta pela função hamiltoniana:

Equação 5.6

$$H = \sum_{i=1}^{n} p_i \dot{q}_i - \mathcal{L}$$

As derivadas dessa equação permitem estabelecer as equações de movimento na perspectiva hamiltoniana, na qual usaremos as coordenadas dadas na próxima equação, as quais consistem em *n* posições generalizadas e em *n* momentos generalizados (Taylor, 2013). Vejamos:

Equação 5.7

$$(q_1, ..., q_n, \quad p_1, ..., p_n)$$

Em ambos os formalismos, de Lagrange e de Hamilton, podemos considerar 2n coordenadas. No hamiltoniano, um ponto em um espaço dimensional 2n é definido como **espaço de fase**.

O uso do formalismo de Hamilton é adequado para sistemas em que não há forças dissipativas, como a força de atrito, razão por que abordaremos apenas forças conservativas, que podem ser deduzidas com base em uma função de energia potencial (Taylor, 2013).

5.1.2 Equações de movimento

Estabeleceremos as equações de movimento segundo um sistema unidimensional conservativo com apenas uma única coordenada generalizada "natural" q. Para isso, consideremos um pêndulo simples que oscila, como demonstrado na Figura 5.1.

Figura 5.1 – Esfera executando movimento periódico em torno do ponto de equilíbrio 0

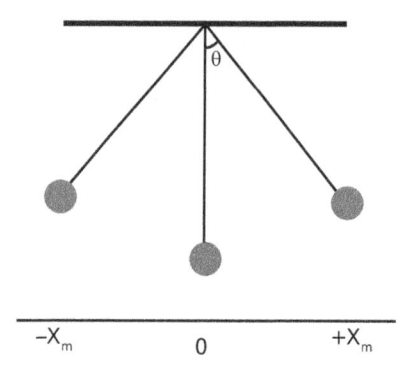

Nessa situação, a variável q pode ser atribuída ao ângulo ϕ que o fio do pêndulo faz com a vertical. Ainda podemos considerar um bloco em um fio estacionário, em que a distância horizontal ao longo do fio pode ser representada por q (Taylor, 2013). Para essas duas situações, a lagrangiana é dada por:

Equação 5.8

$$\mathcal{L} = \mathcal{L}(q, \dot{q}) = K(q, \dot{q}) - U(q)$$

Em sistemas conservativos, a energia cinética pode depender de ambas as variáveis (q e q̇) já a energia potencial depende somente de *q*. Para o exemplo do pêndulo simples, de massa *m* e comprimento de fio *L*, podemos explicitar as energias cinética (que envolve apenas ϕ̇) e potencial na lagrangiana:

Equação 5.9

$$\mathcal{L} = \mathcal{L}(\phi, \dot{\phi}) = \frac{1}{2}mL^2\dot{\phi}^2 - mgL(1 - \cos\phi)$$

A expressão para a situação do bloco, considerando-se que não há atrito entre ele e a superfície de deslizamento e que a altura varia conforme y = f (x) e sua lagrangiana, é:

Equação 5.10

$$\mathcal{L} = \mathcal{L}(x, \dot{x}) = K - U = \frac{1}{2}m[1 + f'^{(x)^2}]\dot{x}^2 - mgf(x)$$

Nessa equação, a variável *x* está relacionada por meio do termo da velocidade na expressão da energia cinética, já que o bloco de nosso exemplo pode se deslocar horizontalmente em *x* (Taylor, 2013). Ambas as equações (5.9 e 5.10) são equivalentes à formulação lagrangiana estudada no capítulo anterior. Assim, temos:

Equação 5.11

$$\mathcal{L} = \mathcal{L}(q, \dot{q}) = K - U = \frac{1}{2}A(q)\dot{q}^2 - U(q)$$

Podemos ver, nessa equação, que a energia cinética pode depender de *q* por meio de uma função A(q), e que $\dot{q}$ depende apenas de $\dot{q}^2$. Assim, podemos escrever a função hamiltoniana aplicada em uma única dimensão como:

Equação 5.12

$$H = p\dot{q} - \mathcal{L}$$

E o momento generalizado, com base na Equação 5.5, é dado por:

Equação 5.13

$$p = \frac{\partial \mathcal{L}}{\partial \dot{q}} = A(q)\dot{q}$$

Nessa equação, se multiplicarmos ambos os lados por $\dot{q}$, obtemos a igualdade a seguir, equivalente a 2K:

Equação 5.14

$$p\dot{q} = A(q)\dot{q}^2 = 2K$$

Essa manipulação matemática permite obter a função hamiltoniana em termos das variáveis de energia, quando substituirmos a equação anterior (5.14) na Equação 5.12. Assim, temos:

Equação 5.15

$$H = p\dot{q} - \mathcal{L} = 2K - (K - U) = K + U$$

Essa equação expressa a função hamiltoniana para um sistema "natural", correspondendo à energia total, assim como vimos no capítulo anterior quando consideramos diversas dimensões (Taylor, 2013).

O momento generalizado dado pela Equação 5.13 pode ser reescrito como:

Equação 5.16

$$\dot{q} = \frac{p}{A(q)} = \dot{q}(q, p)$$

Uma vez que $\dot{q}$ é expressa em função de q e p, podemos estabelecer uma relação com a função hamiltoniana. Nesse caso, H pode ser substituído por $\dot{q}(q, p)$; consequentemente, H será uma função de q e p expressa por:

Equação 5.17

$$H(q, p) = p\dot{q}(q, p) - \mathcal{L}\big(q, \dot{q}(q, p)\big)$$

Finalmente, podemos determinar as **equações de movimento de Hamilton**. O primeiro passo é achar as derivadas da Equação 5.17 com base na regra da cadeia em relação a q:

Equação 5.18

$$\frac{\partial H}{\partial q} = p\frac{\partial \dot{q}}{\partial q} - \left[\frac{\partial \mathcal{L}}{\partial q} + \frac{\partial \mathcal{L}}{\partial \dot{q}}\frac{\partial \dot{q}}{\partial q}\right]$$

Nessa equação, a parcela $\dfrac{\partial \mathcal{L}}{\partial \dot{q}}$ corresponde a *p*. Se cancelarmos as contribuições de *p* (primeiro e terceiro termos à direita), teremos:

Equação 5.19

$$\frac{\partial H}{\partial q} = -\frac{\partial \mathcal{L}}{\partial q} = -\frac{d}{dt}\frac{\partial \mathcal{L}}{\partial \dot{q}} = -\frac{d}{dt}p = -\dot{p}$$

Essa equação fornece a derivada temporal ($\dot{p}$) em termos da hamiltoniana *H*; trata-se da primeira equação de movimento de Hamilton (Taylor, 2013). A segunda equação de movimento de Hamilton é obtida por meio da regra da cadeia, ao derivarmos a Equação 5.17 em relação a *p*:

Equação 5.20

$$\frac{\partial H}{\partial q} = \left[\dot{q} + p\frac{\partial \dot{q}}{\partial p}\right] - \frac{\partial \mathcal{L}}{\partial \dot{q}}\frac{\partial \dot{q}}{\partial p} = \dot{q}$$

Essa equação relaciona ($\dot{q}$) em termos da hamiltoniana *H*; trata-se da segunda equação de movimento de Hamilton. Fazendo os ajustes e reorganizando as Equações 5.19 e 5.20 para o **sistema unidimensional**, temos:

Equação 5.21

$$\dot{p} = -\frac{\partial H}{\partial q} \quad e \quad \dot{q} = \frac{\partial H}{\partial q}$$

Para movimentos em mais de uma dimensão, devemos proceder de forma muito similar ao formalismo matemático para o movimento em uma dimensão, mas considerando as demais dimensões do sistema. Desse modo, chegaremos às **equações para movimentos em mais de uma dimensão**:

Equação 5.22

$$\dot{p}_i = -\frac{\partial H}{\partial q_i} \text{ e } \dot{q}_i \frac{\partial H}{\partial p_i}, \text{ para } [i = 1, ..., n]$$

Como subproduto das equações anteriores, temos:

Equação 5.23

$$\frac{\partial H}{\partial t} = -\frac{\partial \mathcal{L}}{\partial t}$$

As expressões indicadas como Equação 5.22 são as equações **canônicas de Hamilton**, ou simplesmente *equações de Hamilton*. São um conjunto de 2n equações diferenciais de primeira ordem e correspondentes ao sistema de *n* equações de segunda ordem no formalismo lagrangiano. As quantidades (q, p) são denominadas *variáveis canônicas*.

A Equação 5.23 é uma importante relação entre as variâncias temporais da lagrangiana e da hamiltoniana, e não uma equação que descreve o movimento de um corpo ou um sistema (Lemos, 2007).

Exercício resolvido

1. A situação-problema a seguir, elaborada com base em Taylor (2013), possibilita a aplicação dos formalismos de Lagrange e de Hamilton. Uma conta de massa m desliza, no eixo x, em um fio rígido reto e sem atrito. Em razão da ação de forças conservativas, o bloco está sob a ação da energia potencial U(x).

Figura A – Conta de massa m deslizando em um fio reto e sem atrito

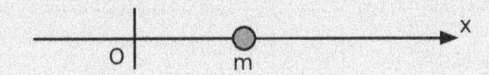

Fonte: Taylor, 2013, p. 526.

Obtenha a lagrangiana e a hamiltoniana e as equações de Lagrange e de Hamilton para o movimento da conta.

Resolução

Inicialmente, vamos considerar como coordenada generalizada q a coordenada x. Assim, a lagrangiana é:

$$\mathcal{L}(x, \dot{x}) = K - U = \frac{1}{2}m\dot{x}^2 - U(x)$$

A equação de Lagrange correspondente é:

$$\frac{\partial \mathcal{L}}{\partial x} = \frac{d}{dt}\frac{\partial \mathcal{L}}{\partial \dot{x}} \quad \text{ou} \quad -\frac{dU}{dx} = m\ddot{x}$$

Ou seja, as equações anteriores são equivalentes à segunda lei de Newton.

Vamos encontrar o momento generalizado e, assim, demonstrar o formalismo de Hamilton:

$$p = \frac{\partial \mathcal{L}}{\partial \dot{x}} = m\dot{x}$$

Podemos ver que essa equação se refere ao momento convencional *mv* e que pode ser resolvida, a qual terá como resultado $\dot{x} = \frac{p}{m}$. Ao substituirmos esse resultado na hamiltoniana, teremos:

$$H = p\dot{x} - \mathcal{L} = \frac{p^2}{m} - \left[\frac{p^2}{m} - U(x)\right] = \frac{p^2}{2m} + U(x)$$

Logo, a energia total corresponde ao termo de energia cinética expresso em termos do momento por $p^2/(2m)$.

Por fim, obtemos as equações de Hamilton para esse problema:

$$\dot{x} = \frac{\partial H}{\partial p} = \frac{p}{m} \quad \text{e} \quad \dot{p} = -\frac{\partial H}{\partial x} = -\frac{dU}{dx}$$

5.2 Equações canônicas e dinâmica de Hamilton

Na seção anterior, estabelecemos as equações canônicas de Hamilton para a dinâmica do movimento em uma ou mais dimensões. Agora, vamos reescrever as equações canônicas de movimento com um novo artifício: os parênteses de Poisson.

Veremos, ainda, o teorema de Liouville, que permite avaliar sistemas mais complexos nos quais ocorre mudança de volume, e o teorema da divergência, fundamental para o cálculo vetorial, que pode ser aplicado em diversas áreas da física e ao teorema de Liouville.

5.2.1 Parênteses de Poisson

Os **parênteses de Poisson** são úteis para a identificação das transformações canônicas e constantes de movimento (Santos; Orlando, 2012). Para isso, consideremos duas funções de espaço de fase F(q, p, t) como uma variável dinâmica arbitrária, a qual corresponde a uma função qualquer das variáveis canônicas e do tempo (Lemos, 2007). Utilizando equações hamiltonianas, temos:

Equação 5.24

$$\frac{dF}{dt} \equiv \sum_{i=1}^{n}\left(\frac{\partial F}{\partial q_i}\dot{q}_i + \frac{\partial F}{\partial p_i}\dot{p}_i\right) + \frac{\partial F}{\partial t} = \sum_{i=1}^{n}\left(\frac{\partial F}{\partial q_i}\frac{\partial H}{\partial p_i} - \frac{\partial F}{\partial p_i}\frac{\partial H}{\partial p_i}\right) + \frac{\partial F}{\partial t}$$

Os parênteses de Poisson entre {f, g} de duas funções dinâmicas *f* e *g* são definidos como:

Equação 5.25

$$\{f,g\} \equiv \sum_{i=1}^{n}\left(\frac{\partial f}{\partial q_i}\frac{\partial g}{\partial p_i} - \frac{\partial f}{\partial p_i}\frac{\partial g}{\partial q_i}\right)$$

Para uma função arbitrária G (q, p, t) e sua derivada, temos:

Equação 5.26

$$\frac{dG}{dt} \equiv \sum_{i=1}^{n}\left(\frac{\partial G}{\partial q_i}\dot{q}_i - \frac{\partial G}{\partial p_i}\dot{p}_i\right) + \frac{\partial G}{\partial t}$$

Que corresponde a:

Equação 5.27

$$\frac{dG}{dt} \equiv \{G, H\} + \frac{\partial G}{\partial t}$$

Essa equação tem um caráter geral e pode ser aplicada para qualquer função no espaço de fase. Se considerarmos primeiro $F = q_i$ e, em seguida, $F = p_i$ (sendo que F não apresenta dependência temporal explícita), obteremos as equações de Hamilton em termos de parênteses de Poisson:

Equação 5.28

$$\dot{q}_i = \{\dot{q}_i, H\} \quad \text{e} \quad \dot{p}_i = \{\dot{p}_i, H\}$$

Em análises teóricas, o ganho em escrever a equação de movimento de uma variável dinâmica arbitrária na forma da Equação 5.27 se relaciona com os parênteses de Poisson, invariantes sob transformações canônicas. Em outras palavras, essa equação independe do conjunto de variáveis canônicas escolhido para descrever a dinâmica. Para abreviar a demonstração da invariância dos parênteses de Poisson, é conveniente reescrevê-lo da seguinte forma:

Equação 5.29

$$\{f, g\}_z = \left(\frac{\partial F}{\partial z}\right)^T J \frac{\partial G}{\partial z} \equiv \sum_{r,s=1}^{2n} \frac{\partial F}{\partial z_r} J_{rs} \frac{\partial G}{\partial z_s}$$

Nessa equação, o subscrito correspondente ao cálculo refere-se às variáveis canônicas $z = (q, p)$.

As expressões canônicas expressas na Equação 5.28 contribuem para simplificar as equações de Hamilton, uma vez que eliminam o sinal negativo das igualdades, além de direcionarem o formalismo das equações para o estudo da mecânica quântica (Santos; Orlando, 2002), tema que não abordaremos neste livro.

5.2.2 Transformações canônicas

As equações de Lagrange são dependentes dos termos de coordenadas generalizadas, deixando-as independentes do sistema de coordenadas selecionado e, portanto, são invariantes. No formalismo hamiltoniano, há uma invariância quanto à escolha de coordenadas do espaço de fase.

Consideremos que o sistema pode ser descrito pelas coordenadas (q, p) com hamiltoniana $H(q, p)$. Essas coordenadas também são denominadas *estrutura canônica* e são expressas pelas seguintes relações:

Equação 5.30

$$\{q_i, q_k\} = 0$$
$$\{p_i, p_k\} = 0$$
$$\{q_i, p_k\} = \delta_{ik}$$

Na última relação aparece o delta de Kronecker:

Equação 5.31

$$\delta_{ik} = \begin{cases} 1, i = k \\ 0, i \neq k \end{cases}$$

É possível selecionar outro sistema de coordenadas (Q, P) para o espaço de fase. Para a análise do mesmo sistema, consideramos as relações de transformação expressas por Q = Q (q, p, t) e P = P (q, p, t). Assim, temos outra função para substituir a hamiltoniana H = H (q, p, t), a qual denominaremos *kamiltoniana*: K = K (Q, P, t).

Para que essa transformação mantenha tanto a forma canônica das equações de movimento (Equação 5.28) quanto a estrutura canônica (Equação 5.30), devemos levar em conta que:

Equação 5.32

$$\begin{cases} \{Q_i, Q_k\} = 0 \\ \{P_i, P_k\} = 0 \\ \{Q_i, P_k\} = \delta_{ik} \end{cases}$$

As transformações indicadas são denominadas **transformações canônicas**, abordadas com detalhes na área da mecânica analítica (Santos; Orlando, 2002).

5.3 Teorema de Liouville

Para demostrarmos o teorema de Liouville, primeiramente é preciso estabelecer as condições de mudança de volume e do teorema da divergência, as quais serão abordadas nas próximas seções.

Esse teorema possibilita a análise de sistemas intrincados formados por pequenas partes idênticas e complexas, por exemplo, uma nuvem de gás. Vamos considerar que essa nuvem de gás se movimenta no espaço bidimensional com as coordenadas **z** = (q, p) e em um grau de liberdade, apenas. Além disso, a superfície que define essa nuvem é fechada e sempre haverá partículas em seu interior.

Figura 5.2 – Nuvem de gás em movimento e contida em uma superfície fechada

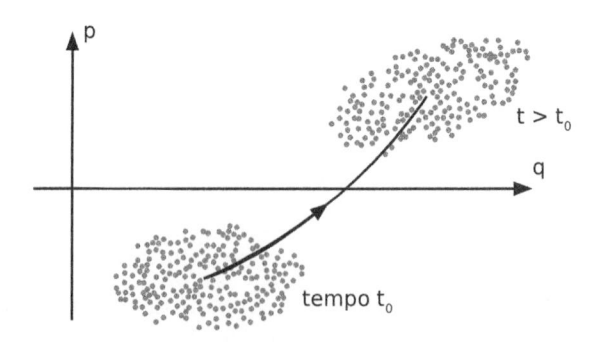

Fonte: Taylor, 2013, p. 544.

Se a nuvem de gás se movimentar, de acordo com as equações de Hamilton, a velocidade será dada por:

Equação 5.33

$$\dot{z} = (\dot{q}, \dot{p}) = \left(\frac{\partial H}{\partial p}, -\frac{\partial H}{\partial q}\right)$$

Assim, cada ponto z da nuvem inicial terá correspondência com uma única velocidade, logo, cada ponto se moverá com sua própria velocidade.

Cabe ressaltarmos que, por causa da superfície fechada, o volume deslocado não pode mudar, e essa conclusão está associada ao teorema de Liouville, como veremos na sequência.

5.3.1 Mudanças de volume

Inicialmente, vamos considerar o espaço tridimensional, no qual há determinado ponto *r* de um fluido, como o gás da Figura 5.3, que se movimenta com velocidade *v*, sob a relação v = v(r). De forma análoga, podemos descrever que, no espaço de fase, cada ponto z no espaço está se movendo com velocidade relacionada com sua posição no espaço de fase, ou seja, $\dot{z} = \dot{z}(z)$ (Taylor, 2013).

Agora, iremos analisar o quão rapidamente o volume V que delimita a superfície S pode ser modificado em virtude do movimento da nuvem de gás. A mudança de pequeno intervalo de tempo de t_0 para t_1 é expressa por δt quando o volume total delimitado se desloca (Taylor, 2013).

Figura 5.3 – Superfície S em movimento

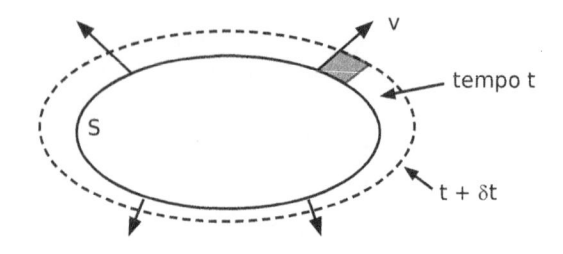

Fonte: Taylor, 2013, p. 545.

Para determinar a variação do volume V no intervalo de tempo decorrido δt, consideramos, na parte sombreada da figura anterior, o volume V correspondente a um cilindro de base de área dA. O lado do cilindro é dado pelo deslocamento $v \cdot \delta t$ (normal à superfície). Incluímos um vetor unitário **n**, que aponta para fora da superfície e é normal a S; logo, a altura do cilindro é $\mathbf{n} \cdot \mathbf{v} \cdot \delta t$, e seu volume é $\mathbf{n} \cdot \mathbf{v} \cdot \delta t dA$ (Taylor, 2013). A variação total ocorrida no volume delimitado pela superfície S corresponde à soma de todas as contribuições, ou seja:

Equação 5.34

$$\delta V = \int_S \mathbf{n} \cdot \mathbf{v} \delta t dA$$

Nessa equação, temos uma integral de superfície que engloba toda a superfície fechada S. Reordenando a igualdade após dividirmos todos os lados por δt, temos:

Equação 5.35

$$\frac{dV}{dt} = \int_s \mathbf{n} \cdot \mathbf{v} dA$$

Essa expressão também é válida para sistemas em três dimensões. Nesse caso, devemos considerar as contribuições de todos *m* vetores *n* e *v*, ou seja, $\mathbf{n} \cdot \mathbf{v} = n_1 v_1 + n_2 v_2 + ... + n_m v_m$ (Taylor, 2013).

Por fim, a Figura 5.3 e a descrição matemática desta seção podem ser compreendidas como um gás confinado em um balão que foi aquecido e está em expansão. Se o gás sofrer uma contração em razão de uma redução de temperatura, o produto **n** · **v** deverá ser negativo (Taylor, 2013).

5.3.2 Teorema da divergência

O **teorema da divergência**, também denominado *teorema de Gauss*, é fundamental no cálculo vetorial. Nesse caso, definimos o divergente (operador vetorial) como:

Equação 5.36

$$\nabla \cdot \mathbf{v} = \frac{\partial v_x}{\partial x} + \frac{\partial v_y}{\partial y} + \frac{\partial v_z}{\partial z}$$

> **Importante!**
>
> Neste livro, sempre vamos considerar o vetor *v*, que pode ser qualquer grandeza vetorial (velocidade, força, campo elétrico etc.), como um vetor velocidade.

Uma integral de superfície, como a estudada na seção anterior, pode ser expressa pelo teorema do divergente:

Equação 5.37

$$\int_S \mathbf{n} \cdot \mathbf{v} dA = \int_S \nabla \cdot \mathbf{v} dV$$

Nessa equação, o lado esquerdo é uma integral de superfície que engloba o volume *V* expresso nessa mesma integral.

Combinando as Equações 5.36 e 5.37, a taxa de variação do volume em qualquer superfície fechada é:

Equação 5.38

$$\frac{dV}{dt} = \int_V \nabla \cdot \mathbf{v} dV$$

Um detalhe muito importante do teorema da divergência é que, para uma contribuição muito pequena de um volume *V*, o termo $\nabla \cdot \mathbf{v}$ será aproximadamente constante, ou seja, para qualquer volume, teremos, com base na equação anterior:

Equação 5.39

$$\nabla \cdot \mathbf{v} = \frac{1}{V}\frac{dV}{dt}$$

O termo $\frac{dV}{dt}$ representa um fluxo de saída. Por causa da equivalência pela igualdade na equação anterior, o termo $\nabla \cdot \mathbf{v}$ é denominado *fluxo de saída por volume*. Se a parcela correspondente ao lado esquerdo da equação for positiva, o fluxo será de saída em torno de um ponto r, e qualquer contribuição de volume em torno desse ponto corresponderá a uma expansão de um gás. O contrário também é válido; ou seja, para uma compressão gasosa, teremos uma contribuição negativa do termo $\nabla \cdot \mathbf{v}$ (Taylor, 2013). O divergente pode ser generalizado para um número qualquer de dimensões e para m-dimensões espaciais em relação às coordenadas $(x_1, ..., x_m)$.
O divergente de um vetor $\mathbf{v}$ $(v_1, ..., v_m)$ é expresso por:

Equação 5.40

$$\nabla \cdot \mathbf{v} = \frac{\partial v_1}{\partial x_1} + ... + \frac{\partial v_m}{\partial x_m}$$

5.3.3 Demonstração do teorema de Liouville

O **teorema de Liouville** trata do movimento no espaço de fase, por exemplo, o espaço 2n-dimensional com coordenadas $\mathbf{z} = (\mathbf{q}, \mathbf{p}) = (q_1, ..., q_n, p_1, ..., p_n)$. Para facilitar a demonstração do teorema, vamos considerar um único grau de liberdade; assim, n = 1, e o espaço de fase bidimensional, com $\mathbf{z} = (q, p)$ (Taylor, 2013).
De acordo com as equações de Hamilton, a velocidade de cada ponto de fase $\mathbf{z} = (q, p)$ é dada por:

Equação 5.41

$$\mathbf{v} = \dot{\mathbf{z}} = (\dot{q}, \dot{p}) = \left(\frac{\partial H}{\partial p}, -\frac{\partial H}{\partial q}\right)$$

Para uma superfície fechada, como a da Figura 5.2, que se movimenta através do espaço de fase, a taxa de variação do volume interno S, que agora é considerado um volume bidimensional, tem seu divergente dado por:

Equação 5.42

$$\nabla \cdot \mathbf{v} = \frac{\partial \dot{q}}{\partial q} + \frac{\partial \dot{p}}{\partial p} = \frac{\partial}{\partial q}\left(\frac{\partial H}{\partial p}\right) + \frac{\partial}{\partial q}\left(-\frac{\partial H}{\partial p}\right) = 0$$

A equação é igual a zero, pois a ordem das derivações duplas é irrelevante. Logo, se $\nabla \cdot \mathbf{v}$ é zero, então, $\frac{dV}{dt} = 0$. Assim, o volume V contido em uma superfície fechada S arbitrária é constante conforme a superfície se desloca no espaço de fase. Essa é a demonstração do teorema de Liouville.

5.4 Teorema do virial

Para o estudo do **teorema do virial**, vamos considerar uma função real (f) relacionada com a variável real t. O valor médio dessa função (f) é dado pela equação a seguir sempre que seu limite existir (Lemos, 2007).

Equação 5.43

$$\langle f \rangle = \lim_{\tau \to \infty} \int_0^\tau f(t)dt$$

Para os casos particulares, em que a função (f) for periódica e integrável em um período, o limite existe e pode ser determinado pela seguinte relação:

Equação 5.44

$$\frac{1}{\tau_0}\int_0^{\tau_0} f(t)dt$$

Em que:

- o período de *f* é denotado por τ_0 (Lemos, 2007).

Agora, iremos considerar um sistema mecânico descrito por *n* graus de liberdade, expresso pela hamiltoniana H (q, p, t) e pelas variáveis canônicas (q, p), o qual é uma generalização do virial e pode ser denotado pela seguinte quantidade:

Equação 5.45

$$\vartheta = -\sum_i q_i \frac{\partial \mathcal{H}}{\partial q_i}$$

Em determinadas condições, o valor médio de ϑ pode ser relacionado ao valor médio de outras grandezas dinâmicas do sistema. Por exemplo, essa variável foi inserida por Rudolf Clausius em seus estudos na teoria cinética dos gases (Lemos, 2007).

O teorema do virial considera que as contribuições dadas por $q_1(t)$ e $p_1(t)$ são funções limitadas. Seus valores médios são calculados pelas seguintes fórmulas:

Equação 5.46

$$\sum_i q_i \frac{\partial H}{\partial q_i} \quad e \quad \sum_i p_i \frac{\partial H}{\partial p_i}$$

Esses valores existem individualmente e, consequentemente, serão iguais, ou seja:

Equação 5.47

$$\left\langle \sum_i q_i \frac{\partial H}{\partial q_i} \right\rangle = \left\langle \sum_i p_i \frac{\partial H}{\partial p_i} \right\rangle$$

Por fim, essa relação é denominada *teorema do virial*.

5.5 Derivação das equações de Lagrange do princípio de Hamilton

Já demonstramos anteriormente o princípio de Hamilton na validação das equações de Lagrange. Agora, com base nesse princípio, apresentaremos a formulação lagrangiana, considerando que ela é a diferença entre a energia cinética e a energia potencial e que, em coordenadas cartesianas, a primeira depende unicamente da velocidade com que o corpo ou o sistema se movimenta, assim como a segunda está estritamente relacionada à posição da partícula, a fim de garantir que a força seja conservativa. Logo, a lagrangiana é dada por:

Equação 5.48

$$\mathcal{L} \equiv K(\dot{x}_i) - U(x_i) = \mathcal{L}(x_i, \dot{x}_i)$$

E as coordenadas são dadas por:

Equação 5.49

$$x_1 \to x, \, x_2 \to y \text{ e } x_3 \to z$$

Assim, o princípio de Hamilton pode ser descrito com base na lagrangiana da seguinte forma:

Equação 5.50

$$\delta \int_{t_1}^{t_2} \mathcal{L}(x_i, \dot{x}_i) dt = 0$$

Para saber mais

Livros

LEITHOLD, L. **O cálculo com geometria analítica**. Tradução de Cyro de Carvalho Patarra. 3. ed. São Paulo: Harbra, 1994. v. 2.

SWOKOWSKI, E. W. **Cálculo com geometria analítica**. Tradução de Alfredo Alves de Farias. 2. ed. São Paulo: M. Books, 1994. v. 2.

Sugerimos as obras de Leithold e Swokowski para aprofundar o entendimento sobre a aplicação do teorema da divergência, ou teorema de Gauss, em muitas análises em física que envolvem variações de fluxo: fluidos, campos elétricos, campos magnéticos e campos de calor. Em livros de cálculo ou de geometria analítica, é possível encontrar demonstrações detalhadas desse teorema e suas utilizações em diferentes contextos.

Vídeo

KHAN ACADEMY. **Demonstração do teorema da divergência (parte 1)**. Disponível em: <https://pt.khanacademy.org/math/multivariable-calculus/greens-theorem-and-stokes-theorem/divergence-theorem-proof/v/divergence-theorem-proof-part-1>. Acesso em: 6 nov. 2020.

O vídeo apresenta passo a passo a demonstração do teorema da divergência. Na página há *links* para as outras partes da demonstração (até a parte 5).

Síntese

Neste capítulo, abordamos os principais conceitos e as principais equações referentes à formulação de Hamilton, a qual relacionamos com a de Lagrange.

Além disso, analisamos os teoremas de Liouville, da divergência e do virial. Desse modo, consolidamos o conhecimento das três bases da mecânica clássica – as formulações newtoniana, lagrangiana e hamiltoniana –, o que permitirá a utilização de diferentes recursos para a análise e a solução de problemas.

Atividades de autoavaliação

1) Para um sistema formado por uma única partícula que se move em um eixo cartesiano sob efeito de energia potencial independente do tempo, a função hamiltoniana é dada por:

   a) $H(x, p_x) = \dfrac{p_x^2}{m} + U(x)$.

   b) $H(x, p_x) = \dfrac{p_x^2}{4m} + U(x)$.

   c) $H(x, p_x) = \dfrac{p_x^2}{2m} + U(x)$.

   d) $H(x, p_x) = \dfrac{p_x^2}{m} + U(x)$.

   e) $H(x, p_x) = \dfrac{p_x}{2m} + U(x)$.

2) A máquina de Atwood é um importante experimento da física para demonstrar as leis da dinâmica. Considere que, nessa máquina, estão suspensos dois blocos de massas m e M (um em cada extremidade da corda) e que apenas as forças peso e de tração atuam no sistema. O momento canônico associado à única coordenada para esse sistema é dado por:

   a) $p_i = (2m + M)\dot{x}_1$.

   b) $p_i = (m + M)\dot{x}_1$.

   c) $p_i = (m + 2M)\dot{x}_1$.

   d) $p_i = (mM)\dot{x}_1$.

   e) $p_i = (m - M)\dot{x}_1$.

3) O bloco da figura a seguir está preso a uma mola de constante elástica *k* e é puxado por uma forca *F*, movimentando-o para a direita.

Figura B – Força *F* sendo aplicada ao bloco preso a uma mola

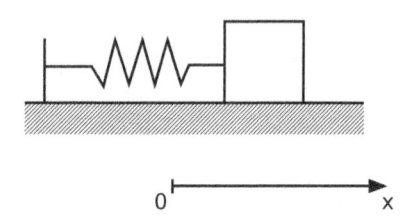

Fonte: Santos; Orlando, 2012, p. 85.

A hamiltoniana para esse sistema é dada por:

a) $H = p_x \dot{x} - \frac{1}{2}m\dot{x}^2 + \frac{1}{2kx^2}$.

b) $H = p_x \dot{x} - \frac{1}{2}m\dot{x}^2 + kx^2$.

c) $H = p_x \dot{x} - \frac{1}{2}m\dot{x}^2 + 2kx^2$.

d) $H = p_x \dot{x} - \frac{1}{2}m\dot{x}^2 - \frac{1}{2kx^2}$.

e) $H = p_x \dot{x} + \frac{1}{2}m\dot{x}^2 - \frac{1}{2kx^2}$.

4) Sobre o teorema de Liouville, é correto afirmar:
   a) É válido para qualquer volume que se movimente no plano tridimensional.
   b) Descreve o movimento de um corpo qualquer desde que a velocidade seja constante.

c) É válido quando há o movimento de sistemas idênticos e quando cada ponto se movimenta em diferentes direções.

d) Pode ser utilizado quando há o movimento de sistemas idênticos e quando todos os pontos permanecem em repouso.

e) É válido quando há um sistema composto por partículas idênticas delimitadas por uma superfície fechada.

5) Sobre as equações de Hamilton, analise as afirmativas a seguir e marque V para as verdadeiras e F para as falsas.

( ) O formalismo de Hamilton não pode ser considerado equivalente ao de Newton e ao de Lagrange.

( ) As equações de Hamilton também são denominadas *equações canônicas de Hamilton*.

( ) As coordenadas generalizadas devem ser inicialmente estabelecidas para possibilitar o estudo do movimento na formulação hamiltoniana.

( ) As equações de Hamilton podem ser utilizadas em diferentes áreas da física, como a mecânica e o eletromagnetismo.

Agora, assinale a alternativa que corresponde à sequência correta:

a) F, V, V, V.
b) V, V, V, V.
c) F, V, V, F.

d) F, V, F, V.
e) F, F, V, V.

Atividades de aprendizagem

Questões para reflexão

1) Agora que já analisamos os três formalismos – o newtoniano, o lagrangiano e o hamiltoniano –, vamos verificar as aplicações de cada um deles. Para isso, selecione situações-problemas, como o pêndulo simples ou um objeto que desliza em uma superfície sem atrito, e desenvolva propostas de solução baseadas nos três formalismos. Depois, compare cada uma delas descrevendo as vantagens e as desvantagens de um formalismo em relação a outro.

2) O teorema de Liouville, as mudanças de volume e o teorema do virial são alguns pontos deste capítulo que se aplicam diretamente aos gases ideais. Aplique esses conhecimentos para obter a equação de estado de um gás ideal dada por:

$$P \cdot V = N \cdot k \cdot \theta$$

Em que:

- P é a pressão do gás;
- V é o volume do gás;
- N é o número de moléculas do gás;
- k é a constante de Boltzmann;
- θ é a temperatura absoluta.

Atividade aplicada: prática

1) Elabore um quadro comparativo dos aspectos que podemos aplicar ao estudo da dinâmica dos corpos para cada um dos principais formalismos da mecânica clássica estudados: o newtoniano, o lagrangiano e o hamiltoniano. Sumarize as equações mais importantes de cada teoria, suas vantagens e desvantagens, a equivalência entre elas e apresente exemplos, além de outros tópicos que você achar pertinentes.

Mecânica relativística

6

O objetivo deste capítulo é compreender os sistemas físicos relativísticos. Nesse sentido, veremos as transformações de Galileu e as equações de Maxwell e suas invariâncias. Por fim, descreveremos a formulação lagrangiana da mecânica relativística.

6.1 Transformações de Galileu e leis de Newton

Como já vimos no Capítulo 1, as leis de Newton são válidas para referenciais inerciais, o que garante que não haja forças externas atuando no corpo ou no sistema e ainda mantém o estado de repouso ou de movimento retilíneo uniforme (MRU). Assim como na teoria de Newton, para Galileu as leis da mecânica física são as mesmas para todos os referenciais inerciais.

As transformações de Galileu são equações que relacionam as coordenadas espaciais e temporais de um corpo ou sistema observado de dois referenciais inerciais quando existe um movimento relativo entre eles.

Como exemplo, vamos considerar os referenciais inerciais S_0 e S_1. Para medir o tempo, utilizaremos relógios sincronizados quando as origens dos dois referenciais coincidirem e estiverem em repouso em ambos (Taylor, 2013).

Na Figura 6.1, a seguir, no referencial S_1, temos a velocidade constante v_1 no eixo horizontal (Ox_0x_1). As relações entre coordenadas de espaço e tempo nos referenciais S_0 e S_1 são dadas, matematicamente, pelas equações denominadas *transformações de Galileu*:

Equação 6.1

$$\begin{cases} x_1 = x_0 - \mathbf{v}_1 t \\ y_1 = y \\ z_1 = z \end{cases}$$

Figura 6.1 – Referenciais inerciais S_0 e S_1

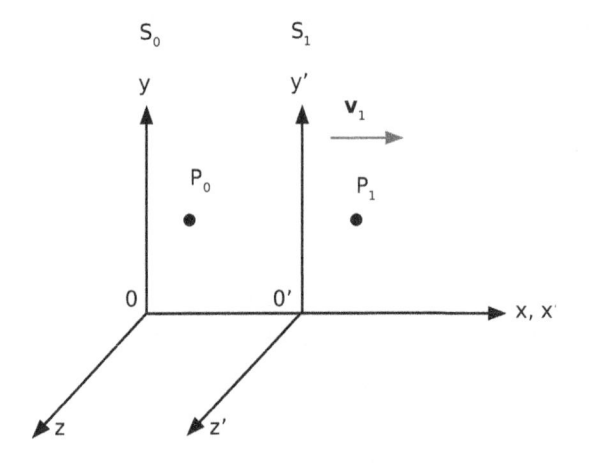

Se analisarmos as transformações de Galileu, constataremos que estão implícitos os conceitos de *tempo absoluto* ($t_0 = t_1$) e de *espaço absoluto* ($L_0 = L_1$). Portanto, o tempo é uma grandeza absoluta, e sua medida é a mesma para todos os observadores, estando o corpo em movimento ou não.

Agora, vamos analisar a invariância das distâncias, a qual estabelece que, quando dois eventos ocorrem no mesmo instante, ou seja, são simultâneos, a distância entre eles é invariante (Taylor, 2013). Consideremos que os pontos P_0 e P_1 estão no referencial inercial S_0 com as seguintes coordenadas:

$$x_1 = a$$
$$y_1 = z_1 = 0$$
$$x_2 = b$$
$$y_2 = z_2 = 0$$

A diferença b – a é distância entre os dois pontos. No referencial S_1, o movimento desenvolve uma velocidade v_1, relativamente a S_0, no eixo horizontal (Ox_0x_1). Nesse referencial relativo, os pontos P_0 e P_1 se movimentam com as igualdades obtidas com base na Equação 6.1. Considerando que o tempo é absoluto, temos:

Equação 6.2

$$\begin{cases} x'_1 = a - v_1 t' \\ x'_2 = b - v_1 t' \end{cases}$$

Os observadores em S_1 medem a posição P_0 no instante t'_1 e P_1 no instante t'_2; consequentemente, há uma diferença entre as medidas:

Equação 6.3

$$x'_2 - x'_1 = b - a - v_1(t'_2 - t'_1)$$

Se $t'_2 - t'_1$, temos $x'_2 - x'_1 = b - a$, o que é a **invariância das distâncias**.

Se as igualdades indicadas pela Equação 6.1 referirem-se à posição, poderemos obter transformações de Galileu para as equações de velocidade e de aceleração. Suponhamos que, em um referencial inercial, um corpo se move retilineamente com velocidade constante $\mathbf{v} = (v_x, v_y, v_z)$. Quando o corpo sair da posição inicial no instante t = 0, as equações do movimento serão:

Equação 6.4

$$x = \mathbf{v}_x$$
$$y = \mathbf{v}_y t$$
$$z = \mathbf{v}_z t$$

Já no referencial inercial S_1, com velocidade $\mathbf{v}_1$ (relativa a S_0), o movimento ocorre no eixo $(Ox_0 x_1)$. Com base na Equação 6.1 e considerando o tempo absoluto, para relacionar x', y', z', t' com x, y, z, t, temos:

Equação 6.5

$$x' + \mathbf{v}_1 t' = \mathbf{v}_z t'$$
$$y' = \mathbf{v}_y t'$$
$$z' = \mathbf{v}_z t'$$

Ou seja:

Equação 6.6

$$x' = (\mathbf{v}_z - v_1) t'$$
$$y' = \mathbf{v}_z t'$$
$$z' = \mathbf{v}_z t'$$

As equações anteriores correspondem à descrição de um MRU, no qual a velocidade constante é dada por:

Equação 6.7

$$v' = v_{x'}, v_{y'}, v_z$$

Nessa equação, temos:

Equação 6.8

$$v_{x'} = v_x - v_1$$
$$v_{y'} = v_y$$
$$v_{z'} = v_z$$

As igualdades da Equação 6.8 mostram que as velocidades diferem pela contribuição de v_1; logo, as acelerações são invariantes, ou seja, são iguais nos dois referenciais (a' = a) (Taylor, 2013).

6.2 Transformações de Galileu e equações de Maxwell

Inicialmente, vamos relembrar que as equações de Maxwell unificaram as relações entre campos elétricos e magnéticos. Trata-se de um grupo de quatro equações que fundamentam o eletromagnetismo: a lei de Gauss para o campo elétrico, a lei de Gauss para o campo magnético, a lei de Ampère e a lei de Faraday para a indução.

Em suas pesquisas, no ano de 1865, Maxwell provou que oscilações eletromagnéticas poderiam se propagar no espaço vazio, ou seja, no vácuo, o que indicava que se trataria de ondas eletromagnéticas. O pesquisador descobriu que os princípios do eletromagnetismo podem ser escritos por suas equações, que permitem determinar a velocidade de uma onda eletromagnética que se propaga em certo meio levando em conta as propriedades eletromagnéticas desse meio.

A Tabela 6.1 mostra as equações de Maxwell, as quais valem tanto para campos elétricos quanto para campos magnéticos. Se a onda eletromagnética se propagar em determinado material, nas equações deveremos substituir a permissividade ε_0 pela permeabilidade μ_0 (Young; Freedman, 2011).

Tabela 6.1 – Equações de Maxwell

Lei	Equação de Maxwell
Lei de Gauss para a eletricidade	$\oint \mathbf{E} d\mathbf{A} = \dfrac{Q_{inte}}{\varepsilon_0}$
Lei de Gauss para o magnetismo	$\oint \mathbf{B} d\mathbf{A} = 0$
Lei de Ampère	$\oint \mathbf{B} d\mathbf{l} = \mu_0 \left(i_c + \varepsilon_0 \dfrac{d\varnothing_E}{dt} \right)_{inte}$
Lei de Faraday	$\oint \mathbf{E} d\mathbf{l} = -\dfrac{d\varnothing_E}{dt}$

De acordo com as equações de Maxwell, um campo elétrico **E** estático é produzido a partir de uma carga puntiforme em repouso, entretanto, não gera um campo magnético **B**. Por outro lado, se uma carga puntiforme se deslocar com uma velocidade constante, produzirá ambos os campos, elétrico e magnético. As equações de Maxwell também podem mostrar que, para uma carga puntiforme produzir ondas eletromagnéticas, é necessário que ela tenha certa aceleração. Desse modo, demonstramos que, de forma geral, a teoria de Maxwell é consequência da teoria do eletromagnetismo, a qual também prevê que toda carga puntiforme acelerada produz ondas eletromagnéticas (Young; Freedman, 2011).

Com base no conjunto das quatro equações, Maxwell conclui que, no vácuo, a velocidade de propagação da luz obedece à seguinte relação:

Equação 6.9

$$c = \frac{1}{\sqrt{\varepsilon_0 \mu_0}} = 3 \cdot 10^8 \, m/s$$

Em que:

- c é a velocidade da luz no vácuo e vale $3 \cdot 10^8$ m/s;
- ε_0 é a permissividade elétrica no vácuo e vale $8{,}85 \cdot 10^{-12}$ F/m;
- μ_0 é a permeabilidade elétrica no vácuo e vale $4\pi \cdot 10^{-7}$ N/A².

Contudo, sob o ponto de vista das transformações de Galileu, as equações de Maxwell não são invariantes, pois devemos considerar a velocidade relativa. Assim como já mostramos anteriormente, as transformações de Galileu permitem obter relações de transformação para a velocidade e a aceleração. Agora, estabeleceremos essas relações considerando um movimento relativo e a velocidade da luz.

Considerando a primeira igualdade da Equação 6.8 e que, no referencial inercial S_0, a velocidade corresponde à velocidade da luz c, no referencial inercial S_1 a velocidade relativa em relação a S_0 obtida pelas transformações de Galileu é:

Equação 6.10

$$c' = c - v$$

Na Figura 6.1, invertendo o sentido, ou seja, da direita para a esquerda, temos:

Equação 6.11

$$c' = c + v$$

A análise das Equações 6.10 e 6.11 nos leva a concluir que o valor da velocidade da luz depende do referencial inercial, ou seja, c não vale o mesmo para todos os referenciais inerciais, como também não é nulo entre os dois referenciais.

Esse resultado apresenta inconsistências que foram analisadas por cientistas. Eles concluíram que as equações de Maxwell e o princípio da relatividade estavam incorretos, e houve a necessidade de reformular as transformações de Galileu, pois os conceitos de *espaço* e de *tempo absoluto* também estavam incorretos.

Exercícios resolvidos

1. Um foguete em P_1 viaja com velocidade v de $0,8c$. Determine a velocidade relativa da luz. Considere os dois sentidos de movimento:
a) da esquerda para a direita;
b) da direita para a esquerda.

   Resolução
   a) Da esquerda para a direita, temos:
   $c' = c - v$
   $c' = c - 0,8c$
   $c' = 0,2c$
   b) Da direita para a esquerda, temos:
   $c' = c + v$
   $c' = c + 0,8c$
   $c' = 1,8c$

A fim de solucionar tais inconsistências, os cientistas estabeleceram que as equações de Maxwell eram válidas em um referencial privilegiado denominado **éter**, o qual era considerado um meio que ao mesmo tempo era rarefeito e rígido, um sólido altamente elástico e pouco denso. Nesse meio, as ondas eletromagnéticas teriam velocidade igual a c.

Muitas tentativas foram feitas por diversos cientistas para comprovar a existência do éter. Michelson e Morley, com o experimento demonstrado na Figura 6.2, a seguir, chegaram à conclusão de que, se o éter realmente existisse, não era relevante estar ou não em movimento em relação a ele, pois os deslocamentos ocorreriam como se ele não existisse. Portanto, não era possível analisar um movimento relativo a ele.

O experimento media a velocidade da luz por meio de seu movimento e da velocidade de translação da Terra. O aparato experimental tinha dois braços de comprimentos iguais, posicionados perpendicularmente entre si. Uma fonte emissora de luz foi posicionada na extremidade de um deles. Um conjunto de espelhos semitransparentes que formava um ângulo de 45º foi colocado na intersecção dos braços. Nas extremidades dos dois braços, espelhos refletores e um anteparo permitiam enxergar o feixe de luz refletido. O objetivo principal era separar em dois feixes a luz emitida, fazendo com que o espelho os refletisse separadamente. No trajeto de volta, os feixes novamente se uniam e chegavam ao anteparo em um único feixe de luz recombinado.

Figura 6.2 – Representação esquemática do experimento de Michelson e Morley

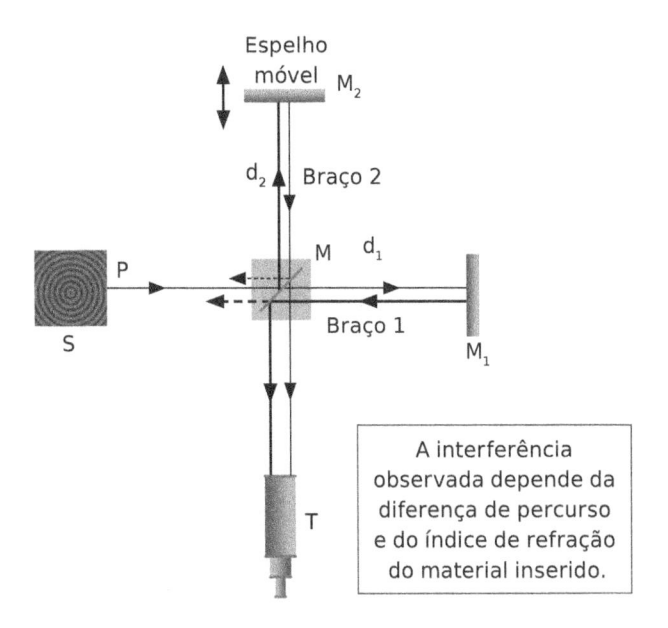

[Figura: Esquema do interferômetro de Michelson-Morley mostrando a fonte S, a placa P, o espelho semirefletor M, o espelho móvel M_2 no Braço 2 a uma distância d_2, o espelho M_1 no Braço 1 a uma distância d_1, e o detector T.

A interferência observada depende da diferença de percurso e do índice de refração do material inserido.]

Fonte: Halliday; Resnick; Walker, 2016c, p. 219.

Posteriormente, os pressupostos da teoria da relatividade restrita de Einstein solucionaram a questão do éter. Esses postulados estão relacionados diretamente com o conceito de referenciais inerciais, aqueles em que as leis de Newton são válidas, conforme já vimos nos capítulos anteriores. Ainda cabe ressaltar que o termo *restrita*, em *teoria da relatividade restrita*, reforça que essa teoria se aplica apenas a referenciais inerciais. Quando se trata de um referencial que pode sofrer a ação da aceleração gravitacional, devemos aplicar a teoria da relatividade geral (Halliday; Resnick; Walker, 2016c).

> **Importante!**
>
> Os dois os postulados da relatividade podem ser descritos como:
> 1. **Postulado da Relatividade** As leis da física são as mesmas para todos os observadores situados em referenciais inerciais. Não existe um referencial absoluto. [...]
> 2. **Postulado da Velocidade da Luz** A velocidade da luz no vácuo tem o mesmo valor c em todas as direções e em todos os referenciais inerciais. (Halliday; Resnick; Walker, 2016c, p. 321-322, grifo do original)

Assim, as inconsistências abordadas anteriormente foram sanadas, e são válidas e corretas as equações de Maxwell e as transformações de Galileu.

6.3 Transformações de Lorentz

As transformações de Galileu se baseiam em noções clássicas de espaço e de tempo, relacionando coordenadas em dois referenciais inerciais S_0 e S_1. Entretanto, no contexto da relatividade, a transformação não é correta, e a dilatação do tempo não satisfaz a relação $t = t'$.

Suponhamos que temos dois referenciais, S_0 fixo no solo e S_1 fixo em um trem que se desloca com velocidade V relativa a S_0. Nessa situação, ocorre uma explosão de fogos de artifício, que faz uma mancha de queimado em uma parede do vagão em um ponto P'. As coordenadas dessa marca são (x, y, z, t) para um observador em S_0 e (x', y', z', t') para um observador em S_1.

Nos dois referenciais, temos comprimentos perpendiculares à velocidade:

Equação 6.12

$$y' = y \text{ e } z' = z$$

Essas relações são idênticas às das transformações de Galileu. A coordenada x' corresponde à medida feita em S_1 da distância no eixo horizontal entre a origem O' e o ponto P' (marca na parede). Essa distância no referencial S_0 é x − Vt, em que x e Vt correspondem, respectivamente, às distâncias entre as origens O e P' e entre as origens O e O', no instante t em que ocorre a explosão, medida em S_0. A contração do comprimento é dada por:

Equação 6.13

$$l = l_0 \cdot \sqrt{1 - \frac{v^2}{c^2}}$$

Em que:

- l_0 é o comprimento medido no referencial de repouso.

Considerando a contração do comprimento, temos:

Equação 6.14

$$x - Vt = \frac{x'}{\gamma}$$

Reordenando essa equação, obtemos:

Equação 6.15

$$x' = \gamma(x - Vt)$$

Em que:

$$\gamma = (1 - \beta^2)^{-\frac{1}{2}}$$

$$\beta = \frac{V}{c}$$

Se $V \ll c$, temos $\gamma \approx 1$, portanto, retornamos à relação de Galileu: $x' = x - Vt$.

Exemplificando

Um evento E ocorre na coordenada linha ('). Dessa forma, devemos estabelecer a expressão para o tempo t' nessa coordenada. Um sinal luminoso é emitido do evento E atingindo o ponto $(0, y', z')$ sobre o plano $y'z'$. Esse sinal se move para a esquerda em velocidade c, enquanto o plano $y'z'$ se desloca para a direta com velocidade v; logo, as velocidades relativas no sistema de coordenadas (x, y, z, t) é $v + c$. Assim, o tempo que o sinal luminoso levará para chegar do plano $y'z'$ ao sistema de coordenadas sem linha será dado por:

Equação 6.16

$$t_1 = t + \frac{x - vt}{v + c}$$

Consideremos que nos dois referenciais S_0 e S_1 há relógios que permitem medir o tempo dos eventos que ocorrem em cada um deles e que os relógios estão em movimento nos pontos (0, y', z') e O', mas permanecem sobre a linha perpendicular em relação à direção do movimento relativo e estão em sincronia nas duas coordenadas (linha e sem linha). Entretanto, na coordenada sem linha o movimento é mais devagar, logo, o relógio que está nela não marca o tempo corretamente. Portanto, o tempo t'_1 registrado pelo relógio no referencial linha quando o sinal luminoso chega ao ponto (0, y', z') é idêntico ao registrado simultaneamente por um relógio que esteja na origem O' (Symon, 1988)

Nesse caso, a contração do tempo é dada por:

Equação 6.17

$$t = t_0 \cdot \sqrt{1 - \frac{v^2}{c^2}}$$

Em que:

- t_0 é o tempo medido no referencial de repouso.

Assim, determina-se o tempo t' corrigindo-se o tempo de descolamento da luz no sistema de coordenadas linha pela equação a seguir:

Equação 6.18

$$t' = t'_1 - \frac{x'}{c}$$

Combinando-se algebricamente as Equações 6.16, 6.17 e 6.18, obtemos:

Equação 6.19

$$t' = \gamma\left(t - V\frac{x}{c^2}\right)$$

Os resultados das Equações 6.12, 6.15 e 6.19 fornecem as equações conhecidas como *transformação de Lorentz*. Vejamos:

$$x' = \gamma(x - Vt)$$
$$y' = y$$
$$z' = z$$
$$t' = \gamma\left(t - V\frac{x}{c^2}\right)$$

As **transformações de Lorentz** indicam, para um evento que ocorre em S_1, as coordenadas (x', y', z', t') em termos das coordenadas (x, y, z, t) medidas em S_0; elas são a versão da transformação galileana clássica na forma correta.

Se desejarmos o inverso, ou seja, as coordenadas (x, y, z, t) em termos de (x', y', z', t'), basta trocar as variáveis com o símbolo *linha* (') pelas variáveis sem essa simbologia e substituir V por –V. Desse modo, temos:

$$x = \gamma(x' + Vt)$$
$$y = y'$$
$$z = z'$$
$$t = \gamma\left(t' + V\frac{x'}{c^2}\right)$$

Assim, todas as propriedades do espaço e do tempo segundo os postulados da relatividade foram expressas por meio das transformações de Lorentz.

6.4 Formulação lagrangiana da mecânica relativística

Para elaborar a lagrangiana de uma partícula livre relativística, devemos considerar uma quantidade invariante das transformações de Lorentz que envolvem diretamente as coordenadas do espaço e do tempo segundo o sistema de Minkowski e desprezar a gravidade (Lemos, 2007), que pode ser descrita pelo elemento de linha

Equação 6.20

$$ds^2 = c^2 dt^2 - d\mathbf{r}^2$$

Em que:

- c é a velocidade da luz no vácuo.

Curiosidade

O sistema de Minkowski é obtido por meio das transformações de Lorentz, em que a coordenada temporal t passa a ser a coordenada imaginária $-ict$.
O sistema de coordenadas de Minkowski é dado por:

$$x_1^2 + x_2^2 + x_3^2 + x_4^2 = x'^2_1 + x'^2_2 + x'^2_3 + x'^2_4$$

Uma partícula livre relativística em movimento pode ser proporcional à integral de qualquer potência de **ds** gravidade (Barcelos Neto, 2004). Por *brevidade*, vamos considerar a ação na forma mais simplificada:

Equação 6.21

$$S = \alpha \int_1^2 ds$$

Em que:

- α é uma constante a ser determinada.

Considerando as duas equações anteriores, temos:

Equação 6.22

$$S = \alpha \int_1^2 \sqrt{c^2 dt^2 - d\mathbf{r}^2} = \alpha c \int_1^2 \sqrt{1 - \frac{v^2}{c^2}}\, dt$$

Em que:

- v é a velocidade dada por $\mathbf{v} = \dfrac{d\mathbf{r}}{dt}$.

Assim, podemos identificar a lagrangiana da partícula por:

Equação 6.23

$$\mathcal{L} = \alpha c \sqrt{1 - \frac{v^2}{c^2}}\, dt = \alpha c \left[1 - \frac{v^2}{c^2}\right]^{\frac{1}{2}}$$

Nessa equação, devemos levar em conta que a partícula está no limite não relativístico, ou seja, $v \ll c$:

Equação 6.24

$$\mathcal{L} \approx \alpha c \left[1 - \frac{1}{2}\frac{v^2}{c^2}\right] = \alpha c - \frac{1}{2}\frac{\alpha}{c}v^2$$

Vemos que, na Equação 6.24, o primeiro termo (αc) é uma constante e não contribui para modificar as equações de movimento, pois estas foram obtidas por derivação da lagrangiana. O segundo termo, após o sinal de igual, corresponde à energia cinética não relativística $\left(\frac{1}{2}mv^2\right)$, e a massa *m* é a massa de repouso da partícula. Portanto, concluímos que $\alpha = -mc$. gravidade (Barcelos Neto, 2004). Consequentemente, temos:

Equação 6.25

$$\mathcal{L} = \alpha c \sqrt{1 - \frac{v^2}{c^2}} = -mc^2\sqrt{1 - \frac{v^2}{c^2}}$$

Com base na lagrangiana da partícula relativística (a equação anterior), podemos determinar o momento relativístico para uma partícula. Considerando $v^2 = \sum_{j=1}^{3} \dot{x}_j^2$, temos:

Equação 6.26

$$p_i = \frac{\partial \mathcal{L}}{\partial \dot{x}_i} = -mc^2 \frac{\partial}{\partial \dot{x}_1}\left[1 - \frac{\sum_j \dot{x}_j^2}{c^2}\right]^{\frac{1}{2}} = -mc^2 \frac{1}{2}\left[1 - \frac{\sum_j \dot{x}_j^2}{c^2}\right]^{-\frac{1}{2}} \frac{-2\dot{x}_1}{c^2} \therefore$$

Reorganizando essa equação, obtemos o momento relativístico para uma partícula:

Equação 6.27

$$p_i = \frac{m\dot{x}_1}{\sqrt{1 - \frac{v^2}{c^2}}}, \text{ para } i = 1, 2, 3$$

Generalizando, temos:

Equação 6.28

$$\mathbf{p} = \frac{m}{\sqrt{1 - \frac{v^2}{c^2}}} \mathbf{v}$$

A lagrangiana da Equação 6.25 não foi descrita em função do tempo, por isso devemos recorrer à hamiltoniana para obtermos a energia total. Com a combinação das equações $\sum p_i \dot{q}_i - \mathcal{L} = 0$ e $p_i = \frac{m\dot{x}_1}{\sqrt{1 - \frac{v^2}{c^2}}}$, determinamos a energia cinética relativística (Barcelos Neto, 2004):

Equação 6.29

$$K = \mathbf{p} \cdot \mathbf{v} - \mathcal{L} = \frac{mv^2}{\sqrt{1-\frac{v^2}{c^2}}} + mv^2\sqrt{1-\frac{v^2}{c^2}}$$

$$K = \frac{mc^2}{\sqrt{1-\frac{v^2}{c^2}}}$$

Para saber mais

Artigo

FERREIRA, G. L. F. Comparação entre a mecânica relativista e a mecânica newtoniana. **Revista Brasileira de Ensino de Física**, São Paulo, v. 26, n. 1, p. 49-51, 2004. Disponível em: <https://www.scielo.br/pdf/rbef/v26n1/a08v26n1.pdf>. Acesso em: 6 nov. 2020.

Nesse artigo, você pode se aprofundar nos principais pontos similares e divergentes das duas teorias: a mecânica relativística e a mecânica newtoniana.

Síntese

Neste último capítulo, abordamos alguns dos principais tópicos relacionados à mecânica relativística. Entretanto, diferentemente de um curso completo sobre relatividade, aplicamos em alguns pontos a formulação de Lagrange. Além disso, apresentamos os conceitos e as equações essenciais para descrever sistemas físicos relativísticos, como as transformações de Galileu, as equações de Maxwell e as transformações de Lorentz.

Atividades de autoavaliação

1) Um foguete emite para frente um pulso de luz com uma velocidade c relativa a ele mesmo. A velocidade relativa desse pulso para um observador na Terra é:
   a) $v = 2c$.
   b) $v = 3c$.
   c) $v = c$.
   d) $v = \dfrac{1}{c}$.
   e) $v = 0{,}5c$.

2) Observe a figura a seguir, que representa um foguete em P_1 viajando com velocidade v equivalente a $0{,}7c$. Determine a velocidade relativa da luz considerando que o movimento ocorre da direita para a esquerda.

Figura A – Referenciais inerciais S_0 e S_1

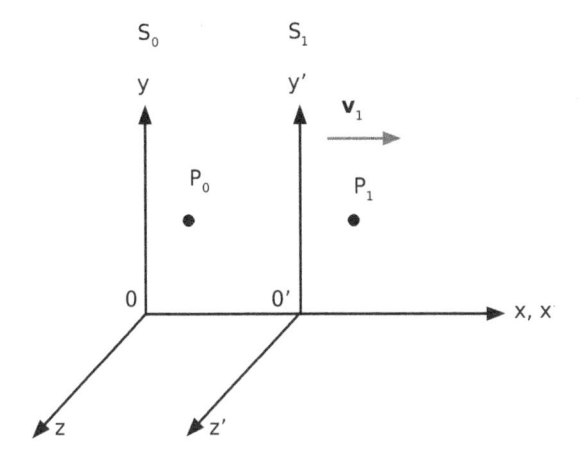

Assinale a alternativa que contém a resposta correta:

a) 1,7c.
b) 0,3c.
c) 2,0c.
d) 1,0c.
e) 1,3c.

3) Sobre as transformações de Galileu, é correto afirmar:
   a) São equações que relacionam as coordenadas espaciais e temporais de um corpo ou sistema observado de dois referenciais inerciais.
   b) Entre os dois referenciais adotados para o estudo do movimento relativo, não pode existir um movimento relativo entre eles.

c) Adotando referenciais inerciais, como S_0 e S_1, para medir o tempo do movimento, não é necessário, em nenhuma situação, considerar a sincronia dos relógios em ambos os referenciais.
d) São baseadas na mecânica aristotélica.
e) Não são baseadas na mecânica newtoniana.

4) A respeito das transformações de Lorentz, é **incorreto** afirmar:
   a) Fazem parte de sua elaboração os conceitos e as equações sobre a contração dos comprimentos do espaço.
   b) Permitem que coordenadas cartesianas de tempo e de espaço sejam linearmente transformadas em outro conjunto de coordenadas.
   c) Se um movimento for retilíneo em um referencial S_0, também o será no referencial S_1.
   d) Michelson e Morley utilizaram essas transformações para explicar o experimento que leva seus nomes, o qual tinha o objetivo de investigar o éter.
   e) São equações que se aplicam à mecânica newtoniana.

5) Quanto às transformações de Galileu, as equações de Maxwell:
   a) são invariantes, pois devemos considerar a velocidade relativa.
   b) não são invariantes, pois devemos considerar a velocidade relativa.

c) não são válidas, por isso não é possível realizar ajustes para validá-las.

d) demonstram que a velocidade da luz não é constante e depende do meio e do referencial em que o observador se encontra.

e) não interferem nos conceitos de espaço e de tempo absolutos.

Atividades de aprendizagem

Questões para reflexão

1) Muitos estudos foram desenvolvidos acerca da natureza da luz até se chegar à conclusão de seu caráter dualístico – essa questão é analisada desde a Grécia Antiga, até finalmente ter sido solucionada com o experimento de Michelson e Morley e dos postulados de relatividade restrita de Einstein.

   Faça pesquisas sobre o caráter corpuscular e ondulatório da luz. Estabeleça comparações entre as duas teorias e explique por que os fenômenos luminosos são classificados de acordo com essas duas características.

2) Pesquise sobre a montagem experimental do experimento de Fizeau, realizado em 1851, a fim de verificar a influência do movimento nos fenômenos ópticos. Realize uma comparação com o experimento de Michelson e Morley quanto à estrutura da montagem experimental e quanto aos resultados da confirmação do caráter dual da luz.

Atividade aplicada: prática

1) Os tópicos das transformações de Lorentz, tempo e espaço relativos, podem ser aplicados em uma situação imaginária que tem como protagonistas dois gêmeos. Essa situação é conhecida como *paradoxo dos gêmeos*, na qual um deles permanece no local onde nasceu e o outro faz uma viagem com um veículo espacial em alta velocidade. Faça uma pesquisa sobre esse tema e analise as implicações para as idades dos gêmeos.

Considerações finais

Nesta obra, abordamos tópicos da mecânica clássica que podem ser aplicados em ampla escala, do movimento de uma bola a problemas mais complexos de engenharia. Tratamos da mecânica newtoniana, da mecânica lagrangiana e da mecânica hamiltoniana a fim de explicitar diferentes mecanismos matemáticos para solucionar problemas relacionados ao assunto do livro. Além disso, o último capítulo foi destinado à mecânica relativística, um tópico de física moderna.

Procuramos apresentar o conteúdo de forma simplificada e com linguagem acessível. Para demonstrar a teoria de forma mais prática, trouxemos exercícios resolvidos e sugestões de pesquisas para se aprofundar nos assuntos.

Por fim, esperamos que, com esse material, você possa ampliar seus conhecimentos e obter o embasamento de teorias e de recursos físicos e matemáticos que podem ser aplicados em diferentes situações cotidianas.

Referências

BARCELOS NETO, J. **Mecânica newtoniana, lagrangiana e hamiltoniana**. São Paulo: Livraria da Física, 2004.

CAETANO, M. J. L. A borracha no amortecimento de vibrações. **CTB – Ciência e Tecnologia da Borracha**. Disponível em: <https://www.ctborracha.com/artefactos/a-borracha-no-amortecimento-de-vibracoes/>. Acesso em: 30 out. 2020.

ELMAS, F.; SHIMENE, N. **Pêndulo simples**. Rio de Janeiro. 2010. 3 f. Notas de estudo de química (Mecânica Física I Experimental) – Universidade do Estado do Rio de Janeiro, Rio de Janeiro, 2010. Disponível em: <https://www.docsity.com/pt/pendulo-simples-11/4779791/>. Acesso em: 30 out. 2020.

FERREIRA, G. L. F. Comparação entre a mecânica relativista e a mecânica newtoniana. **Revista Brasileira de Ensino de Física**, São Paulo, v. 26, n. 1, p. 49-51, 2004. Disponível em: <https://www.scielo.br/pdf/rbef/v26n1/a08v26n1.pdf>. Acesso em: 6 dez. 2020.

GARCÍA, A. F. Simulación del péndulo de Foucault. **Cinemática – Estudio de Los Movimientos**. Disponível em: <http://www.sc.ehu.es/sbweb/fisica_/cinematica/relativo/coriolis1/coriolis1.html>. Acesso em: 3 nov. 2020.

GOLDSTEIN, H.; POOLE JR., C.; SAKO, J. L. **Classical Mechanics**. 3. ed. Boston: Addison-Wesley, 2002.

HALLIDAY, D.; RESNICK, R.; WALKER, J. **Fundamentos de física**: gravitação, ondas e termodinâmica. Tradução de Ronaldo Sérgio de Biasi. 10. ed. Rio de Janeiro: LTC, 2016a. v. 2.

HALLIDAY, D.; RESNICK, R.; WALKER, J. **Fundamentos de física**: mecânica. Tradução de Ronaldo Sérgio de Biasi. 10. ed. Rio de Janeiro: LTC, 2016b. v. 1.

HALLIDAY, D.; RESNICK, R.; WALKER, J. **Fundamentos de física**: óptica e física moderna. Tradução de Ronaldo Sérgio de Biasi. 10. ed. Rio de Janeiro: LTC, 2016c. v. 4.

LEITHOLD, L. **O cálculo com geometria analítica**. Tradução de Cyro de Carvalho Patarra. 3. ed. São Paulo: Harbra, 1994. v. 2.

LEMOS, N. A. **Mecânica analítica**. 2. ed. São Paulo: Livraria da Física, 2007.

LOPES, A. O. **Introdução à mecânica clássica**. São Paulo: Edusp, 2006.

MARQUES, G. da C. O oscilador harmônico simples. In: CENTRO DE ENSINO E PESQUISA APLICADA. **Mecânica (universitário)**. São Paulo, 2007. Disponível em: <http://efisica.if.usp.br/mecanica/universitario/movimento/ocilador_harm_simples/>. Acesso em: 29 out. 2020.

NUNES, C. Y. **Plataforma troll A**: Mar do Norte. Rio de Janeiro. 2018. 12 f. Resumo do Documentário (Análise e Projeto de Estruturas Offshore I) – Universidade Federal do Rio de Janeiro, Rio de Janeiro, 2018. Disponível em: <https://www.researchgate.net/publication/333601388_Plataforma_Troll_A_-_Mar_do_Norte#pf7>. Acesso em: 30 set. 2020.

OLIVEIRA, J. U. C. L. de. **Introdução aos princípios de mecânica clássica**. 5. ed. Rio de Janeiro: LTC, 2013.

PHET Interactive Simulations. **Simulações**. Disponível em: <https://phet.colorado.edu/pt_BR/simulations/filter?subjects=physics&sort=alpha&view=grid>. Acesso em: 29 out. 2020.

ROCHA, J. O que são furacões. **Fiocruz**, Invivo. Disponível em: <http://www.invivo.fiocruz.br/cgi/cgilua.exe/sys/start.htm?infoid=707&sid=9>. Acesso em: 13 jul. 2020.

SANTOS, M. A. dos; ORLANDO, M. T. D. **Mecânica clássica**. Vitória: Ufes; Núcleo de Educação Aberta e a Distância, 2012.

SWOKOWSKI, E. W. **Cálculo com geometria analítica**. Tradução de Alfredo Alves de Farias. 2. ed. São Paulo: M. Books, 1994. v. 2.

SYMON, K. R. **Mecânica**. Tradução de Gilson Brand Batista. 2. ed. Rio de Janeiro: Campus, 1988.

TAROUCO, V. Qual é a função do amortecedor do carro. **Auto Start**, 11 dez. 2015. Disponível em: <https://www.autostart.com.br/manutencao/o_que_e_amortecedor_e_quando_trocar/>. Acesso em: 30 out. 2020.

TAYLOR, J. R. **Mecânica clássica**. Tradução de Waldir Leite Roque. Porto Alegre: Bookman, 2013.

TIPLER, P. A.; MOSCA, G. **Física para cientistas e engenheiros**. Tradução de Paulo Machado Mors. 6. ed. Rio de Janeiro: LTC, 2009. v. 1: mecânica, oscilações e ondas, termodinâmica.

TIVOLLI, F. Entenda a diferença que o antivibrador pode fazer. **TenisBrasil**, 20 abr. 2010. Disponível em: <https://tenisbrasil.uol.com.br/instrucao/165/Entenda-a-diferenca-que-o-antivibrador-pode-fazer/>. Acesso em: 30 out. 2020.

THORNTON, S. T.; MARION, J. B. **Dinâmica clássica de partículas e sistemas**. Tradução de All Tasks. São Paulo: Cengage Learning, 2012.

VILLAR, A. S. **Notas de aula de mecânica clássica**. Recife: UFPE, 2014-2015.

WATARI, K. **Mecânica clássica**. São Paulo: Livraria da Física, 2003. 2 v.

YOUNG, H. D.; FREEDMAN, R. A. **Física de Sears e Zemansky III**: eletromagnetismo. Tradução de Sonia Midori Yamamoto. 12. ed. São Paulo: Pearson, 2011.

Bibliografia comentada

GOLDSTEIN, H.; POOLE JR., C.; SAKO, J. L. **Classical Mechanics**. 3. ed. Boston: Addison-Wesley, 2002.

Trata-se de uma obra tradicional no estudo da mecânica clássica. Por essa razão, é uma bibliografia extensa, composta por 12 capítulos que revisam conceitos fundamentais e trabalham com detalhes os princípios variacionais, as equações de Lagrange, as equações do movimento, a cinemática dos corpos rígidos, as oscilações, as equações do movimento conforme o formalismo de Hamilton, as transformações canônicas, o teorema de Hamilton-Jacobi e a teoria canônica da perturbação. O livro ainda traz uma introdução sobre as formulações de Lagrange e de Hamilton para sistemas contínuos e de campo. Um tópico que diferencia a obra dos demais materiais sobre o assunto é a abordagem da teoria da relatividade no contexto da mecânica clássica.

OLIVEIRA, J. U. C. L. de. **Introdução aos princípios de mecânica clássica**. 5. ed. Rio de Janeiro: LTC, 2013.

Esse livro é composto por 10 módulos que abordam temas relacionados à mecânica do movimento unidimensional. Diferentemente do que vimos em nossa obra, o livro de Oliveira aborda cálculo diferencial e integral, geometria analítica e equações diferenciais. Também detalha as teorias e os problemas tradicionais da mecânica clássica, bem como propõe exercícios sobre os temas abordados.

SYMON, K. R. **Mecânica**. Tradução de Gilson Brand Batista. 2. ed. Rio de Janeiro: Campus, 1988.

Ótimo curso completo sobre mecânica clássica. É um livro muito utilizado, pois abrange tópicos importantes da área, como: mecânica newtoniana; movimento unidimensional de partículas, de partículas em duas ou três dimensões e de um sistema de partículas; corpos rígidos em torno de um eixo; estática; gravitação; sistema de coordenadas em movimento; equações de Lagrange; vibrações; álgebra tensorial; e dinâmica relativística.

THORNTON, S. T.; MARION, J. B. **Dinâmica clássica de partículas e sistemas**. Tradução de All Tasks. São Paulo: Cengage Learning, 2012.

Esse livro trabalha importantes conceitos da mecânica, do cálculo vetorial às formulações de Lagrange e de Hamilton. A mecânica de partículas, os sistemas de partículas e os corpos rígidos são apresentados com detalhes.

WATARI, K. **Mecânica clássica**. São Paulo: Livraria da Física, 2003. 2 v.

Esta obra é dividida em dois volumes, e ambos trazem aplicações das ferramentas matemáticas, conectando a matemática com a física. O volume 1 traz conteúdos relacionados ao movimento unidimensional, às derivadas de funções vetoriais, às equações diferenciais ordinárias e aos métodos numéricos. O volume 2 aborda temas como movimentos em duas e três dimensões, forças centrais, espalhamento de partículas, integral de linha, integral de superfície e equações das cônicas.

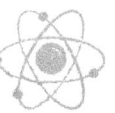

Respostas

Capítulo 1

Atividades de autoavaliação

1) c
2) b
3) a
4) c
5) e

Capítulo 2

Atividades de autoavaliação

1) e
2) c
3) d
4) a
5) b

Capítulo 3

Atividades de autoavaliação

1) a
2) b
3) c
4) d
5) e

Capítulo 4

Atividades de autoavaliação

1) c
2) e
3) a
4) b
5) d

Capítulo 5

Atividades de autoavaliação

1) c
2) b
3) a
4) e
5) a

Capítulo 6

Atividades de autoavaliação

1) c
2) a
3) a
4) e
5) b

Sobre a autora

Aline Rossetto da Luz é graduada em Física (2007) pela Universidade Federal do Paraná (UFPR); especialista em Metrologia Legal (2008), mestra (2013) e doutora (2019) em Engenharia e Ciência dos Materiais também pela UFPR. Desde 2006, atua no ensino de física em diferentes níveis e modalidades (ensino superior, ensino médio, ensino de jovens e adultos e educação a distância). Desenvolveu materiais, projetos e pesquisas na área de educação, relacionados a temas como robótica, formação docente, metodologia do ensino de física e enfoque em ciência, tecnologia e sociedade (CTS), e participou de projetos de extensão e de iniciação científica. É coautora do livro *Diretrizes curriculares* (Editora Fael, 2012) e do capítulo *Tailoring Surface Properties from Nanotubes and Anodic Layers of Titanium for Biomedical Applications*, da obra *Applications of Nanocomposite Materials in Orthopedics* (Woodhead Publishing, 2018).

Na área de engenharia, desenvolveu pesquisas sobre propriedades mecânicas, tribológicas e de tribocorrosão do titânio, de suas ligas e de filmes finos de óxidos, caracterizando materiais metálicos e filmes finos voltados à área de biomateriais. Nessas linhas de atuação, publicou artigos em periódicos internacionais.

Os papéis utilizados neste livro, certificados por instituições ambientais competentes, são recicláveis, provenientes de fontes renováveis e, portanto, um meio sustentável e natural de informação e conhecimento.

Impressão: Log&Print Gráfica & Logística S.A.
Abril/2021